环境形势与政策问答

2016

环境保护部宣传教育司　编

中国环境出版社·北京

图书在版编目（CIP）数据

环境形势与政策问答2016 / 环境保护部宣传教育司编. -- 北京 : 中国环境出版社, 2016.8

ISBN 978-7-5111-2826-3

Ⅰ. ①环… Ⅱ. ①环… Ⅲ. ①环境保护政策－中国－问题解答②环境保护法－中国－问题解答 Ⅳ. ①X-012 ②D922.685

中国版本图书馆CIP数据核字（2016）第116323号

出 版 人 王新程
责任编辑 孔 锦
责任校对 尹 芳
装帧设计 彭 杉

出版发行 中国环境出版社
（100062 北京市东城区广渠门内大街16号）
网 址：http://www.cesp.com.cn
电子邮箱：bjgl@cesp.com.cn
联系电话：010-67112765（编辑管理部）
010-67187041（第一分社）
发行热线：010-67125803，010-67113405（传真）
印 刷 北京中科印刷有限公司
经 销 各地新华书店
版 次 2016年8月第一版
印 次 2016年8月第一次印刷
开 本 787×1092 1/16
印 张 10.75
字 数 120千字
定 价 39.00元

编写说明

十八大以来，党和国家把生态文明建设和环境保护放在更加突出的战略地位，作出了一系列重大决策部署，认识高度、推进力度、实践深度前所未有。2016年，是实施国家经济社会发展“十三五”规划的开局之年。“十三五”规划提出，坚持绿色发展理念，以改善环境质量为核心，实现生态环境质量总体改善，为我们勾画了未来五年环境保护的蓝图。中国环境保护事业站在新的历史起点。

当前，我国环境形势依然不容乐观，环境保护任重道远。为了帮助社会各方准确认识和把握环境保护面临的形势和任务，广泛凝聚社会共识，把思想统一到以改善环境质量为核心的战略部署上来，促进实现国家“十三五”发展规划确定的环保目标，环境保护部宣传教育司组织编写了《环境形势与政策问答2016》。张辉、李军、张春燕、王琳琳等同志具体承担编写工作。本书紧密联系我国环境保护实际，以问答的形式向公众讲解我国环境保护取得的进展，面临的机遇与挑战，以及措施与对策，是干部群众进行理论学习和开展环境形势与政策教育的重要辅导读物。

环境保护部宣传教育司

2016年6月

目　录

1. 党中央、国务院关于生态文明建设和环境保护有哪些新理念新思想新战略？

十八大以来，党中央、国务院把生态文明建设和环境保护摆上更加重要的战略位置，作出一系列重大决策部署，认识高度、推进力度、实践深度前所未有。习近平总书记对生态文明建设和环境保护提出一系列新理念新思想新战略，涵盖重大理念、方针原则、目标任务、重点举措、制度保障等诸多领域和方面，体现了宽广而深远的思想观、实践观、系统观、全球观。李克强总理、张高丽副总理对生态文明建设和环境保护作出许多重要批示指示，提出明确要求。其中，习近平总书记提出的坚持“绿水青山就是金山银山”和绿色发展理念，影响最为深远。这是我们党积极探索经济规律、社会规律和自然规律的认识升华，带来的是发展理念和方式的深刻转变，也是执政理念和方式的深刻转变。

习近平总书记强调，“绿水青山就是金山银山”。这从根本上更新了关于自然资源无价的传统认识，打破了简单把发展与保护对立起来的传统思维束缚，指明了实现发展和保护内在统一、相互促进和协调共进的方法论，使我们深刻认识到，保护生态就是保护自然价值和增值自然资本的过程，保护环境就是保护经济社会发展潜力和后劲的过程，把生态环境优势转化成经济社会发展的优势，绿水青山就可以源源不断地带来金山银山。绿色发展是一场涉及生产方式、生活方式、思维方式和价值观念的重大变革，着重解决的是人与自然和谐问题，将超越和扬弃现有的工业化、现代化模式，改变经济腿长、环境腿短的状况，引导企业家主动采取绿色生产方式，鼓励公众自觉践行绿色生活方式，推动形成人人节约资源、保护环境的社会风尚。

理论是实践的先导，思想是行动的指南。习近平总书记关于生态文明建设和环境保护的系列重要论述回答了在处理发展与保护这对突出矛盾中所遇到的一系列困惑，为践行生态文明和环境保护提供了思想指引和行动遵循。

（1）思想观

作为发展中大国，实现什么样的发展、为谁发展、怎样发展，以什么样的自然观来处理人与自然关系，是重大的指导思想问题。生态文明是全面、科学、系统地处理人与自然关系的最新理念，是破解经济发展与环境保护矛盾的重大战略抉择，集中体现了我们党长期执政的强烈责任担当，全面展示了我们党解决生态环境问题的鲜明态度和坚定决心。

习近平总书记立足历史的大视野和人类发展的大趋势，强调指出，走向生态文明新时代，建设美丽中国，是实现中华民族伟大复兴的中国梦的重要内容。绝不走“先污染后治理”的老路，探索出一条环境保护新路，实现经济社会发展与生态环境保护的共赢。习近平总书记强调，良好生态环境是最公平的公共产品，是最普惠的民生福祉；环境就是民生，青山就是美丽，蓝天也是幸福。

这些重要论述，自觉把共产党人的发展观、执政观、自然观内在统一起来，将自然观的更新演进与认识深化，融入新时期我们党的执政理念、发展理念之中，成为全党的共同意志。这对任何一个现代国家的执政党都是罕见的。生态文明将超越和扬弃现有的发展方式和发展模式，塑造新的发展观和政绩观，成为社会的主流思想和核心价值观，引领和改变人们的生产生活方式。

（2）实践观

我们党历来重视实践，重视理论与实际统一、认识与实践统一。习近平总书记的重要讲话，不仅解决了生态文明建设的世界观和认识论，而且指明了实践观和方法论。

首先是统筹好发展与保护的关系。习近平总书记指出，“绿水青山就是金山银山”“保护生态环境就是保护生产力、改善生态环境就是发展生产力”。这些重要论述，打破了简单把发展与保护对立起来的传统思维束缚，将绿水青山与金山银山辩证统一起来，在统一中进一步平衡和处理保护和发展的关系，解决问题，主动选择，做到什么样的保护要有所为、什么样的发展要有所不为。要以绿色发展、循环发展、低碳发展为基本路径，把节约、环保融入经济社会发展的各方面和全过程，实现发展和环保的内在统一、相互促进和协调共进。

其次是用制度落实责任。习近平总书记强调，“保护生态环境必须依靠制度、依靠法治”“对那些不顾生态环境盲目决策、造成严重后果的人，必须追究其责任”。抓住领导干部这个“关键少数”，扎紧追责的笼子，生态环境保护责任才能落地。要通过实行“党政同责”“一岗双责”，构建与权力相匹配的责任担当或问责制度，落实党委、政府保护生态环境责任。

（3）系统观

世界上的万事万物都以系统性、整体性的方式，相互联系、相互作用、相互存在。生态系统、自然界、人类社会莫不如此。

习近平总书记强调自然生态各要素的空间系统性。他指出，“山水林田湖是一个生命共同体”。这就要求我们按照生态系统的整体性、系统性及其内在规律，统筹考虑自然生态各要素、山上山下、地上地下、陆地海洋以及流域上下游，进行整体保护、系统修复、综合治理，增强生态系统循环能力，维护生态平衡。

习近平总书记还强调生态环境保护的时间系统性。在生态环境保护上一定要算大账、算长远账、算整体账、算综合账，不能因小失大、顾此失彼、寅吃卯粮、急功近利。这就要求我们在世界现代化的大势下思考中国的现代化、工业化模式，在中华民族伟大复兴的全局中谋划生态文明建设，在生态文明的整体布局中定位生态环境保护，抓住矛盾的主要方面和关键问题，协同推进各项工作。

（4）全球观

我国是全球可持续发展理念与行动的坚定支持者和积极实践者，为全球可持续发展作出了重要贡献。2015 年 9 月，习近平总书记在第七十届联合国大会讲话中指出，“要构筑尊崇自然、绿色发展的生态体系。解决好工业文明带来的矛盾，以人与自然和谐相处为目标，实现世界的可持续发展和人的全面发展。国际社会应该携手同行，共谋全球生态文明建设之路”。习近平总书记的讲话，充分表明中国是一个负责任的参与者，将对国际环境与发展事业产生重要影响、作出重大贡献。

2. 如何认识党中央、国务院关于生态文明建设和环境保护的新部署新要求？

今天，人类足迹几乎无处不在，这既有其好的一面，也带来了很多负面影响。有史以来全球森林已减少一半，不可再生的煤炭、石油等自然资源被大规模消耗，气候变化不再是未来的影响而成为现实的威胁，水资源短缺影响着世界上 40% 的人口，大量污染物排放已经让今天的地球净土难寻。

从目前来看，人类在传统工业化进程中、在处理人与自然关系上，充斥着各种不平等、不和谐、不平衡的问题。发达国家通过对外扩张，向后发展国家转移污染企业和技术，在解决自身环境问题的同时，也输出了污染。尽管经济在发展、技术在进步，但人类的生产生活方式并未发生根本性变化。高投入高消耗高排放的传统发展模式，给地球带来了资源短缺、环境污染和生态破坏，引发人与自然之间愈来愈尖锐的矛盾冲突。20 世纪以来，美、英、日等国家相继发生八大环境公害事件，教训极其深刻。

今天的发展站在两个非常重要的节点上：一是现代化进程站在中华民族伟大复兴的新节点上；二是中华民族伟大复兴站在人类文明发展的新节点上。实现“两个一百年”奋斗目标和中华民族伟大复兴中国梦，需要统筹处理好人与自然、经济与环境、当前与长远、国内与国际等多重关系。作为负责任的最大发展中国家，我国不可能无视资源环境约束，重复传统工业化国家扩张式的发展模式，更不能“吃祖宗的饭，断子孙的路”，让子孙后代承担过度使用资源和破坏环境的恶果。我们必须尊重自然、善待自然，维护和发展好自然资源生产力，依靠调整优化经济发展方式等举措，探索破解发展与保护矛盾，走“内生式”“内涵式”的绿色发展之路。中国这样十几亿人口的现代化过程在历史上是没有的。走出一条和平发展、绿色现代化的新道路，是历史赋予我们的神圣使命。

长期以来，我们党和政府一直保持着清醒认识和战略定力，高度重视生态环境保护问题。20 世纪 80 年代，提出保护环境是基本国策。90 年代，把实施可持续发展确立为国家战略。进入 21 世纪，提出以人为本、全面协调可持续的科学发展观。党的十八大把生态文明建设纳入中国特色社会主义五位一体总体布局，十八届三中全会提出紧紧围绕建设美丽中国深化生态文明体制改革，十八届四中全会进一步要求加快建立生态文明法律制度，用严格的法律制度保护生态环境。

党的十八届五中全会审议通过《中共中央关于制定国民经济和社会发展第十三个五年规划的建议》，强调牢固树立并切实贯彻创新、协调、绿色、开放、共享五大发展理念，对生态文明建设和环境保护作出一系列重大安排部署，要求加快补齐生态环境短板，将生态环境质量总体改善列为全面建成小康社会目标。在此之前，党中央、国务院发布两份重要的“姊妹篇”文件——《关于加快推进生态文明建设的意见》《生态文明体制改革总体方案》。这三份文件彼此呼应、相互衔接，是中央的战略部署，是重大的系统的全面的制度架构，是当前和今后一个时期生态文明建设的总的设计图和路线图，具有重要的引领和指导作用。《大气污染防治行动计划》（简称《大气十条》）、《水污染防治行动计划》

（简称《水十条》）、《土壤污染防治行动计划》（简称《土十条》）出台实施，新《环境保护法》施行，新《大气污染防治法》发布，环境保护督察，党政领导干部生态环境损害责任追究等生态文明体制改革配套文件相继实施。这些是行动层面的任务安排，是推进生态文明建设和加强环境保护的路线图。

3. 如何理解我国生态环境保护的复杂性、紧迫性和长期性？

党的十八大以来，在党中央、国务院的坚强领导下，我国环境治理力度前所未有，进程加速推进，环境质量有所改善。但总体上看，我国环境保护仍滞后于经济社会发展，多阶段多领域多类型问题长期累积叠加，环境承载能力已经达到或接近上限，环境污染重、生态受损大、环境风险高，生态环境恶化趋势尚未得到根本扭转。

（1）大气环境质量

大气环境质量可以从两个角度来看。一方面，主要污染物排放量过大，污染程度高。2015 年，全国 338 个地级以上城市中，近八成的城市空气质量超标，45 个城市细颗粒物（$PM_{2.5}$）年均浓度超标 1 倍以上。大气质量在很大程度上还依赖于气象条件的变化。2015 年年底，部分地区冬季雾霾频发高发，一个重要原因就是受强厄尔尼诺不利气象条件的影响。这个影响有几个指标：一是风速，北京及周边地区平均风速较常年同期偏低 5% 左右。二是空气湿度，$PM_{2.5}$ 是二次反应，在水中比在空气中反应快，所

以湿度高会有利于 $PM_{2.5}$ 的形成。2015 年空气湿度较常年同期高 20% 左右。三是混合层高度，好天气混合层高度在 1 500 米以上，通常情况下也应该在 1 000 ~ 1 500 米。2015 年极端天气时，混合层高度只有 200 米，个别地区甚至为 100 米，造成了污染物快速累积。

另一方面，也要看到，相比前几年，全国城市空气质量总体呈改善趋势。这主要看 3 个指标：一是优良天数比例；二是重污染天数比例；三是污染物的年均浓度。根据首批实施新环境空气质量标准的 74 个城市可比数据，相比 2013 年各项指标，其中珠三角地区空气质量改善幅度最大，首次达标，这是具有标志性意义的进步，说明我国可以解决特大城市群在快速发展中的空气污染难题。

（2）水环境质量

我国大江大河干流水质总体良好，地级及以上城市集中式饮用水水源地水质基本达标。“十二五”以来，我国地表水水质稳中趋好，全国达到或好于Ⅲ类水质比例提高 14.6 个百分点，劣Ⅴ类水质比例下降 6.8 个百分点。从污染物来看，地表水化学需氧量（COD）平均浓度下降近 1/3。但也存在三个突出问题：一是重点流域的支流污染严重，丧失水体使用功能的劣Ⅴ类水质断面比例较高；二是不少流经城镇的河流沟渠黑臭问题突出，主要是公众身边作为景观用水使用功能的这部分黑臭水体较多，群众反应强烈；三是湖泊富营养化问题突出，改善起来很困难。另外，农村水污染防治设施建设滞后，农村环境问题越来越突出。

我国水环境状况明显呈现两个特点：一是地表水质状况呈现

“两头小、中间大”的橄榄形态势，特别差和特别好的水体均在减少。2015 年全国地表水Ⅰ类水质断面比例同比降低 0.6 个百分点。过去 5 年，长江流域Ⅰ类水质断面比例降低 1.0 个百分点；西南诸河无Ⅰ类水质断面，Ⅱ类水质断面比例下降 4.1 个百分点。二是主要污染因子出现结构性变化，过去主要是有机污染问题，随着有机污染逐步得到治理，比较难治理的氨氮、总磷等污染问题日益凸显，治理更难、投入更大。从全国情况看，地表水总磷超标断面比例已逼近化学需氧量。

（3）土壤环境质量

2005—2013 年开展的全国土壤污染状况调查结果显示，我国土壤污染总体状况不容乐观。尤其是长三角、珠三角、东北老工业基地等部分区域土壤污染问题较为突出，西南、中南地区土壤重金属超标范围较大。不少大中城市重污染行业的大批企业关闭和搬迁后，给城市遗留下大量废弃的污染地块。

（4）生态环境质量

我国森林覆盖率稳步提高，由 21 世纪初的 16.6% 上升到将近 22%。截至 2016 年 5 月底，全国已建立自然保护区 2 740 个，总面积 147 万平方千米；其中陆域面积 142 平方千米，约占我国陆地国土面积的 14.8%。部分珍稀濒危物种种群逐步恢复，大熊猫野生种群数量达到 1 800 多只，受威胁等级从濒危降为易危；朱鹮野生种群从发现时的 7 只恢复至近 2 000 只，从极危降为濒危。

但我国生态安全形势依然严峻。根据全国生态环境十年变化（2000—2010 年）调查评估结果，我国生态环境仍然脆弱，生态系统质量和服务功能低，即数量上有积极变化，但是质量亟待提高。城镇、农田生态系统格局变化剧烈，森林、湿地生态系统人工化趋势明显。农业生产与开发导致的水土流失、土地沙化等问题依然严重，城镇化、工业化与资源开发导致的流域生态破坏、自然海岸线丧失、野生动植物自然栖息地减少等问题加剧。世界自然基金会发布的《中国生态足迹报告 2012》显示，我国生态足迹增加的速度远高于生物承载力的增长速度，是生物承载力的两倍以上。

（5）环境风险

我国正处于环境高风险期，特别是区域性、布局性、结构性环境风险更加突出。我国是化学品生产和消费大国，有 20 多种化学品产量或消费量位居世界前列。化工产业布局不合理，大量化工厂近水靠城，12% 的危险化学品企业距离饮用水水源保护区、重要生态功能区等环境敏感区域不足 1 千米，10% 的企业距离人口集中居住区不足 1 千米。另外，间接性风险在增加，生产安全事故、交通运输事故引发的突发环境事件占事件总数的 70% 以上。

虽然环境风险高、隐患多，但随着环境管理和风险防控水平不断提升，我国突发环境事件数量呈下降趋势。国家直接调度指导处置的突发环境事件从 2010 年的 156 起降到 2015 年的 82 起，减少近一半；涉重金属突发环境事件从 2010 年的 14 起下降至 2015 年的 2 起，放射源事故发生率下降到万分之一以下的历史最好水平。

概括来讲，我国的生态环境质量有所改善，但环境问题的复杂性、紧迫性和长期性没有改变。长期以来，我国依托资源环境、劳动力及后发优势，走的是压缩型、追赶型的快速工业化道路，各种环境问题在短期内集中爆发。从环境历史可以看出，我们跟发达国家有很多不同的地方。发达国家的环境问题是在一二百年工业化发展过程中分阶段出现、分阶段解决的。如在大气污染方面，20 世纪 50—60 年代主要解决煤烟型污染和酸雨问题，70 年代解决汽车尾气排放问题，2000 年至今是 $PM_{2.5}$ 及地面臭氧问题。而我国是处在一个燃煤、汽车污染、$PM_{2.5}$ 问题要同时解决的阶段，新老环境问题并存，生产与生活、城市与农村、工业与交通环境污染交织。我国十几亿人口的现代化过程，性质、压力、挑战是不可比的。这么快的速度、这么短的时间，环境压力比世界上其他国家都大，污染治理和环境质量改善的任务十分艰巨，难度前所未有。

清醒地认识我国当前的环境现状，才能清醒地认识存在的问题和压力，才能客观理性地设定改善目标，执着坚定地推动环境保护。

4. 我国为世界环境问题的解决作出了哪些贡献？

我国是全球可持续发展理念与行动的坚定支持者和积极实践者，为全球可持续发展作出了重要贡献。2015 年联合国对千年发展目标的实现情况作了一个评估，在这个评估结论中，中国的贡献是最大的。2015 年 9 月，联合国发展峰会通过了 2030 年可持续发展议程，这是对千年发展目标的继承和升级。习近平总书记在会上郑重承诺，以落实 2030 年可持续发展议程为己任，团结协作，推动全球人类发展事业不断向前。

正是由于我国在可持续发展领域作出的积极贡献，生态文明建设正得到国际社会的普遍关注和广泛认同。在 2013 年 2 月召开的联合国环境规划署第 27 次理事会上，生态文明理念被正式写入决议案文，充分表明中国是一个负责任的参与者，将对国际环境发展事业产生重要影响、作出重大贡献。

2016 年 5 月 26 日，第二届联合国环境大会发布了《绿水青山就是金山银山：中国生态文明战略与行动》报告。联合国环境规划署执行主任施泰纳表示，中国的生态文明建设是对可持续发展理念的有益探索和具体实践，为其他国家应对类似的经济、环境和社会挑战提供了经验借鉴。

“十一五”以来，通过实行污染物总量控制，大力推进节能减排，减少了主要污染物排放总量。2013 年 9 月开始，实施了《大气污染防治行动计划》，投入力度和行动力度都是前所未有的，也取得了一定的成效。公布《水污染防治行动计划》，进一步加强河流流域水污染的治理。发布《土壤污染防治行动计划》，切实加强土壤污染防治，逐步改善土壤环境质量。同时，和周边有关国家建立了相关机制，开展环境方面的合作、共同分享信息、共同交流经验，共同面对跨界的污染问题。

中国政府作为国际社会负责任的一员，一直积极参与联合国环境规划署等政府间组织发起的各项环境保护公约和行动计划。与发达国家合作，借鉴其先进的理念和技术，促进国内的节能减排；与发展中国家合作，为其提供力所能及的支持，分享破解发展和环境之间矛盾的经验；与周边国家合作，共同解决面临的环境问题。

中国政府切实履行自己在全球环境保护方面的义务。已批准加入 30 多项与生态环境保护有关的多边公约或议定书。如在保护臭氧层、削减持久性有机污染物、控制危险废物和化学品进出口等国际公约方面，中国都在履行自己的责任和义务。颁布实施《中国淘汰消耗臭氧层物质国家方案》，制订了 25 个行业的淘汰行动计划，关闭相关淘汰物质生产线 100 多条，在上千家企业开展消耗臭氧层物质替代转换，累计淘汰消耗臭氧层物质生产与消费累计 25 万吨，占到发展中国家淘汰总量的一半以上，圆满完成《蒙特利尔议定书》规定的履约任务。中国加入《生物多样性公约》并积极履行相关义务，成立了生物多样性保护国家委员会，发布了《生物多样性保护战略与行动计划（2011—2030 年）》，启动了“联合国生物多样性十年中国行动”，组织地方编制实施生物多样性保护行动计划。各项工作取得积极进展。

另外，环境保护部积极参加联合国环境规划署发起的西北太平洋行动计划、东亚海协作体和保护海洋环境免受陆源活动污染全球行动计划。进一步深化和拓宽与国际组织、区域组织和各国在环境保护方面的交流与合作，推进互利共赢，推动共建绿色“一带一路”。积极参加全球治理体系规则的构建，包括自贸协定和环境产品清单等相关的谈判，共同推进区域和全球问题的解决。

中国以负责任大国的姿态，以理性、务实、建设性的姿态与各方进行对话、沟通、协调，坚持共同但有区别责任等公约基本原则，为推动气候变化国际谈判达成巴黎协定作出了积极的重要贡献。

5. 如何协调经济发展和环境保护之间的关系？

环境问题既涉及人与自然关系，也涉及人与人之间的关系，关系到我们这一代给下一代留下什么样的自然财富。习近平总书记从社会主义政治经济学的角度来看这个问题，提出了“绿水青山就是金山银山”的“两山论”，提出了绿色发展理念，指出环境就是民生，保护环境就是保护生产力，改善环境就是发展生产力。

随着污染治理进程的加快推进，我们对环境保护的认识也在深化，主要有两个方面。一是经济发展与环境保护可以共赢。发展与保护之间不仅相互制约，而且相互促进，两者既矛盾又统一。如果经济发展一味以牺牲生态环境为代价，这是“吃祖宗的饭、欠子孙的债”，不算本事，也难以持续；但也不能环保上去了、经济下来了，只强调环保不顾及发展，这同样不算本事。加强环境治理，利用环境保护来优化经济发展、推进经济转型，可以实现发展和保护的协调共赢。处理好它们的关系，可以让我们的发展质量更好、速度更快、效益更高。二是转变政绩观，切实落实地方政府环境责任。地方政府对本辖区的环境质量负责，这是法定责任，也是政府职责所在。正确的政绩观必须把环境质量改善作为重要方面，发展的目的不能只唯 GDP，而要更多地关注民生。改善环境质量就是造福人民群众。良好的环境质量，不仅可以提高人们的生活质量，还能够吸引更多的商家来投资创业。

现在我国经济进入新常态，就是要避免过去的粗放式发展，实现从追求量到追求质的变化。这个“质”是体现了五大发展理念的质。过去经济一枝独秀，其他发展滞后，存在突出短板，这条路已经走不下去了。所以要用好环保这个抓手，推动经济转型升级。环境保护是短板，但也是机遇。

同时，也必须看到，当前经济下行的压力加大，生态环境保护的任务也非常艰巨，破解和平衡它们之间的矛盾，确实面临很大的挑战。挑战也是机遇。应对今天的危机，就是要避免明天更大的危机；抓住今天的机遇，是为了明天创造更好的发展机遇。所以，第一，不能回到过去粗放式发展的老路上，经济下行压力大，环保工作不能放松。第二，在全球竞争经济体系下，一个企业要做大做强，不能靠保护落后来实现，必须要依托提高生产效率、依托技术创新。而它的重要推手，就是提高环保要求。好的经济政策从来都是有利于环境保护的。违背自然规律，最终也要违背经济规律，受经济规律惩罚。同时，环保本身也是当前和今后拉动经济增长的一个重要推动力，我国在未来几年环保投资需求非常大，而且这个投资没有重复建设，长期受益，是拉动经济健康增长的动力。

6. 如何走出一条既发展经济又消除贫困、优化环境的新路子？

消除贫困和保护环境是世界可持续发展领域的两大核心问题。对我国而言，消除贫困、实现共同富裕也是社会主义的本质要求和我们党肩负的重要使命，保护环境、改善民生是建设美丽中国实现可持续发展的内在需求。

中西部地区在我国既是扶贫开发的重点区域，又是生态环境的敏感区域、脆弱区域，所以中西部地区在“十三五”期间要面临补足两个突出短板的问题，一是贫困短板，二是环境短板。两个短板核心是要处理好保护和发展的关系。要突破眼前和短期利益的局限，统筹好当前和未来、短期和长远、经济与环境的关系。在适度开发减少贫困的同时，也为贫困地区留足持续发展的生态资本，走出一条发展经济、消除贫困、优化环境的新路子。

2015 年 11 月，中央召开扶贫开发工作会议，会议把坚持保护生态、实现绿色发展作为打赢脱贫攻坚战的六大基本原则之一，要求牢固树立“绿水青山就是金山银山”的理念。这为下一步如何解决好西部在脱贫过程中、在发展中解决好环境问题指明了方向。

今后将主要在三个方面加大力度：

（1）大力推动结构调整，加快绿色发展，严守生态保护红线。在中西部地区发展中，要避免东部污染产业转移到这个地区，要守住一些非常必要的生态空间保护区。

（2）实施退耕还林还草、天然林保护、湿地保护与恢复、退牧还草等重大生态工程，提高贫困人口的参与度和受益水平。

（3）要加大生态统筹力度，建立统筹推进环保与扶贫的制度体系，增加中西部地区重点生态功能区的转移支付，开展贫困地区生态补偿综合试点。健全公益林的补偿标准动态调整机制，完善草原生态保护补助奖励政策，通过好的生态补偿机制来引导和鼓励这些地区的群众走生活富裕、绿色发展之路。

7. 如何在长江经济带发展中坚持生态优先、绿色发展？

习近平总书记从中华民族长远利益考虑，站在战略和全局的高度，2016 年以来多次发表重要讲话，强调长江经济带发展必须坚持生态优先、绿色发展的战略定位，共抓大保护，不搞大开发。这是习近平总书记对推动长江经济带发展提出的明确要求，我们要认真学习，坚决贯彻执行。

当前，长江流域开发和生态安全保护之间存在着非常尖锐的矛盾，生态环境保护面临着巨大挑战，主要有三个方面的问题：第一，流域整体性保护不足，破碎化、生态系统退化趋势在加剧。第二，污染物排放量大，风险隐患大，饮用水安全保障的压力大。第三，重点区域发展和保护的矛盾十分突出，重点湖泊富营养化，一些城市群的大气污染形势严峻。

为落实习近平总书记的重要指示，环境保护部正在抓紧编制长江经济带生态环境保护规划，在长江经济带的发展中做好保护的顶层设计。主要包括以下几方面内容：

（1）加强流域的统筹，守住空间、总量、准入三条红线

首先不能出现结构性和规模性的问题，率先划定沿江各省市生态保护红线，确定重点行业、重点企业污染物的排放总量上限和阶段性目标，根据上中下游的生态环境状况提出差别化的环境准入条件，制定重点区域产业发展的负面清单。

（2）要深化环保体制机制改革

长江要构建监测一体化的格局，统一布局建设生态环境监测

网络。要开展环保督察巡视，重点落实省级党委和政府及其有关部门环境保护党政同责、一岗双责。借鉴我国第一个生态补偿模式，即新安江流域的水环境补偿模式，探索建立长江流域上下游环境生态的补偿新机制。

（3）以保障饮用水安全为重点强化风险管理

严格控制沿江石油加工项目的环境风险，依法清理整治保护区内的排污口及违法建筑项目，合理布局生产装置及危险化学品仓储等设施，从根本上解决饮用水水源与港区、重污染企业及排污口犬牙交错等威胁饮用水安全的隐患问题。

（4）要加大污染治理和生态保护力度

加大太湖、巢湖、滇池、洞庭湖、三峡、丹江口库区及上游水污染防治工作。开展三大城市群的空气质量达标管理，实施生物多样性保护重大工程，特别是要强化对自然保护区和重点生态功能区的监督检查。

整个规划方案出台之后，要抓紧分解落实，切实做到共抓大保护、不搞大开发。

8.“十二五”期间我国环境保护工作取得哪些进展？

“十二五”期间特别是党的十八大以来，党中央、国务院把生态文明建设和环境保护摆上更加重要的战略位置，做出了一系列重大决策部署。在党中央、国务院的坚强领导下，坚持把环境保护作为转方式调结构的重要抓手，作为惠民生促和谐的重要任务，作为推进生态文明建设的根本措施，着力解决突出环境问题，环境质量改善取得积极进展，《国民经济和社会发展第十二个五年规划纲要》确定的环境约束性指标均如期完成。为下一步做好“十三五”工作奠定了基础。

（1）坚决向污染宣战

国务院相继发布实施《大气十条》和《水十条》，以坚定的决心和扎实的行动全力推进环境治理。5 年间，我国的环境保障能力显著增强，推进力度和取得成效在世界上前所未有。在京津冀、长三角和珠三角等重点区域，建立健全区域联防联控协作机制。建成发展中国家最大的空气质量监测网，全国 338 个地级及以上城市全部具备细颗粒物（$PM_{2.5}$）等 6 项指标监测能力。实施《重点流域水污染防治规划》，加强饮用水水源地和水质较好湖泊生态环境保护。全国地表水国控断面劣Ⅴ类比例下降 6.8 个百分点，大江大河干流水质稳步改善。完成首次全国土壤污染状况调查。

（2）推进污染减排

截至 2015 年年底，我国城镇污水日处理能力由 2010 年的 1.25 亿吨增加到 1.82 亿吨，已成为全世界污水处理能力最大的国家之一，城市污水处理率达 91.97%。全国安装脱硫设施的煤电机组由 5.8 亿千瓦增加到 8.9 亿千瓦，安装率由 83% 增加到 99% 以上。安装脱硝设施的煤电机组由 0.8 亿千瓦增加到 8.3 亿千瓦，安装率由 12% 增加到 92%。累计 1.6 亿千瓦燃煤电厂完成超低排放改造，按照计划，东部 2017 年、中部 2018 年完成电厂的超低排放改造，全国 2020 年完成，届时将建成世界上最大的并且在国际上具有标准引领性作用的清洁高效煤电体系。化学需氧量、氨氮、二氧化硫、氮氧化物 4 项主要污染物减排任务超额完成，酸雨面积已恢复到 20 世纪 90 年代水平。

（3）坚持以环境保护优化经济发展

在 4 省（区）开展生态保护红线划定试点，6 省（区）在全国率先出台省级环境功能区划。国家层面完成西部大开发、中部地区发展战略环评。各级环保部门完成 4 000 多项规划环评审查，国家层面完成 300 多项。国家层面审批项目环评文件 1 164 个，对 153 个不符合条件项目不予审批，涉及总投资 7 600 多亿元。加强标准引导，发布国家环保标准 493 项，对重点地区重点行业执行更加严格的污染物特别排放限值。

（4）开展生态建设和农村环境综合整治

成立生物多样性保护国家委员会，发布《生物多样性保护战略与行动计划（2011—2030 年）》，启动“联合国生物多样性十年中国行动”。截至 2015 年年底，建成自然保护区 2 740 处，总面积 147 万平方千米；其中陆域面积 142 万平方千米，约占我国陆地国土面积的 14.8%。89% 的国家重点保护野生动植物种类以及大多数重要自然遗迹在自然保护区内得到保护，部分珍稀濒危物种野外种群逐步恢复。深入开展生态文明建设示范区创建，16 个省（区、市）开展生态省建设，1 000 多个市（县、区）开展生态市县建设。中央安排专项资金 275 亿元，在 23 个省（区、市）开展农村环境连片整治示范，支持 7.2 万个村庄实施环境综合整治，1.2 亿多农村人口直接受益。

（5）加强重点领域风险防控

安排中央专项资金 172 亿元，支持重点区域实施重金属污染治理，重金属污染事件由 2010—2011 年的每年 10 余起下降到 2012—2015 年的平均每年不到 3 起。全国堆存长达数十年甚至半个世纪的 670 万吨历史遗留铬渣处置完毕。各级环保部门妥善处置各类环境事件近 2 600 起。

（6）提高执法监管水平

以新《环境保护法》实施为标志，环境保护的立法和执法取得明显进展。2011—2014 年，联合多部门开展环保专项整治行动，全国共出动执法人员 924 万余人（次），检查企业 362 万余家（次），查处环境违法问题 3.7 万件。建立行政执法与刑事执法协调配合机制，环境司法取得重大进展。

9.“十二五”期间我国环境法治建设取得哪些成效？

“十二五”以来，我国环境法治建设日益加强。以新修订的《环境保护法》和《大气污染防治法》为标志，环境保护的立法和执法取得明显进展。徒法不足以自行，法律的生命力在于实施，法律的权威也在于实施。环境保护部把 2015 年确定为新《环境保护法》实施年，目的是要让法律严起来、硬起来。为此，专门出台实施方案，细化任务、分工和举措，以偷排、偷放等恶意违法排污行为和篡改、伪造监测数据等弄虚作假行为为重点，依法严厉查处环境违法行为。

一是依法落实地方政府环保责任，加大环保督政和公开约谈力度。环境保护部对 33 个市（区）开展环境保护综合督查，公开约谈 15 个市级政府主要负责人；各地对 163 个市开展综合督查，对 31 个市进行约谈、20 个市（县）实施区域环评限批、176 个问题挂牌督办，不仅解决了一批突出环境问题，而且把环境保护的责任压力层层落实下去、传递下去。

二是落实企业环保主体责任，从严查处环境违法行为。2015 年全国执行按日连续处罚、查封扣押、限产停产案件 8 000 多件，移送行政拘留、涉嫌环境污染犯罪案件近 3 800 件。各级环保部门罚款 42.5 亿元，比 2014 年增长 34%。

三是开展环境保护大检查，全国共检查企业 177 万家（次），查处各类违法企业 19.1 万家，责令关停取缔 2 万家、停产 3.4 万家、限期改正 8.9 万家。各地逐步建立完善“一企一档”，将近 30 万家企业完成建档工作，以此来加强法治化建设、精细化管理。随着 2015 年新《环境保护法》的实施，环境监管执法趋严、趋实，地方政府保护环境的责任意识、排污企业的守法意识、公众的监督意识都有了较大提升。

与此同时，环境司法取得重大进展。最高人民法院、最高人民检察院发布办理环境污染刑事案件的司法解释，最高人民法院出台审理环境民事公益诉讼案件、环境侵权责任纠纷案件适用法律若干问题解释，建立行政执法与刑事执法协调配合机制。2013 年各级环保部门向公安机关移送涉嫌污染犯罪案件总计 706 件，超过以往十年总和。2014 年环保部门向公安机关移送涉嫌环境违法犯罪案件 2 180 件，超过上年 2 倍。

加强法治不是为了惩罚，而是为了让大家守法，促使企业环境行为的外部性内部化，以建立规范和公平的市场竞争环境。随着环境监管执法趋严、趋实，环保守法的新常态正在逐步形成。

目前正在加快推进土壤污染防治法、核安全法的制订进程，积极推动水污染防治法、固体废物污染环境防治法、建设项目环境保护管理条例、排污许可条例、环境监测条例等法律法规的制（修）订工作。

10.“十二五”期间我国环境保护制度和管理有何创新？

中央出台了一系列关于生态文明体制机制的重大部署，《关于加快推进生态文明建设的意见》《生态文明体制改革总体方案》和 2016 年 3 月发布的“十三五”规划纲要 3 份文件共同形成了深化生态文明体制改革的战略部署和制度架构。生态文明体制改革打出了“1+6”组合拳。

生态文明体制改革

包括中央环境保护督察巡视、生态环境损害责任追究、生态环境监测网络建设、生态环境损害赔偿制度改革、自然资源资产负债表编制、自然资源资产离任审计等落实地方政府责任的制度，实行环境保护党政同责、一岗双责，以及推进排污许可证、环评制度改革、推动环境污染强制责任保险等一系列工作。

在完善环保制度方面，区域联防联控机制日臻完善，京津冀、长三角、珠三角等重点区域建立了区域大气污染协作机制，水污染防治协作机制正在建立中。排污权有偿使用和交易稳步铺开，绿色信贷信息共享机制逐步健全，环保费改税稳步推进，环境污染强制责任保险试点反响良好。

11.“十二五”期间在坚持预防为主，推动转方式调结构方面做了哪些工作？

预防为主是环境保护的首要原则。主要包括五个方面措施：一是划定生态保护红线，为我们的发展安全、为我们的子孙后代留下资源、留下空间；二是开展战略和规划环评，规划地区发展的同时规划环境约束；三是具体项目上要进行严格的项目环评；四是用标准来引导产业发展，严格环境准入；五是推动产业结构调整，避免产业结构偏重、粗放、低端带来的环境问题。

在开展战略和规划环评方面，在空间上守住生态保护红线、行业上守住排放总量、项目上守住环境准入标准。“生态保护红线”是继“18亿亩耕地红线”后，又一条被提到国家层面的“生命线”。通过红线划定优化发展的空间布局，守住生态环境安全的空间底线。“十二五”以来，通过战略环评，审查避让了87个（次）自然保护区，沿海港口避让各级保护区37处，取消敏感岸线开发173千米，削减围填海面积224平方千米。环境保护部已相继完成五大区域（环渤海沿海地区、北部湾经济区沿海、成渝经济区、海峡西岸经济区、黄河中上游能源化工区）战略环评，以及西部大开发战略环评和中部地区发展战略环评，制定9个指导意见，开展360多项规划环评，为区域重大生产力布局和项目环境准入提供了重要支撑。

在严格项目环评方面，“十二五”以来，国家层面对153个不符合条件的项目环评文件不予审批，总投资达7 600多亿元，涉及交通运输、电力、钢铁有色、煤炭、化工石化等行业，规范它们在合适的地方、用合适的技术，不能无序地没有自然环境约束地发展。

在标准引导方面，“十二五”以来，国家发布火电、钢铁、水泥等重点行业国家污染物排放（控制）标准48项，对重点地区重点行业执行更加严格的污染物特别排放限值。现行有效环境标准数量近1 700项，构成了比较完备的标准体系，下一步将着力督促标准落地执行。环保标准已成为淘汰落后产能的重要依据、促进技术创新和推进产业转型升级的重要抓手。

在推进产业结构调整方面，国家进一步加大化解过剩产能、淘汰落后产能工作力度，产能严重过剩行业扩张势头得到遏制，“十二五”期间重点行业淘汰落后产能任务提前一年完成。产业结构升级带来单位产品主要污染物排放强度的大幅降低和资源能源效率的大幅提升。“十二五”前4年，我国单位工业增加值 COD 排放强度下降 36%，单位工业增加值氨氮排放强度下降 40%，全国单位 GDP 能耗累计下降 13.4%。

12.“十二五”期间大气和水污染防治方面出台了哪些重大举措？

大气污染和水污染公众关注度很高。我国从 2013 年开始实施《大气十条》；2015 年 4 月，发布实施《水十条》，用硬措施应对硬挑战。

《大气十条》提出要加快形成政府统领、企业施治、市场驱动、公众参与的大气污染防治新机制，明确了 2017 年及今后更长一段时间内空气质量改善目标，提出综合治理、推动产业转型升级、加快技术创新、调整能源结构、优化产业空间布局、完善环境经济政策、严格依法监管、统筹区域环境治理、建立监测预警应急体系、动员全民参与 10 条 35 项综合治理措施，重点治理细颗粒物（$PM_{2.5}$）和可吸入颗粒物（PM_{10}）。

《水十条》按照“节水优先、空间均衡、系统治理、两手发力”原则，确定了全面控制污染物排放、推动经济结构转型升级、着力节约保护水资源、强化科技支撑、充分发挥市场机制作用、严格环境执法监管、切实加强水环境管理、全力保障水生态环境安全、明确和落实各方责任、强化公众参与和社会监督 10 个方面 238 项措施。

13. "十二五"期间我国农村环境保护进展如何?

农业是最大的生态系统,农业与农村也是重要污染来源,农村环境搞好了,农民群众是最直接的受益者,城镇居民的米袋子、菜篮子、水缸子也有了可靠的安全保障。"十二五"以来,环境保护部坚持环境治理城乡并重,着力解决农村一系列突出环境问题。从 2008 年起,与财政部一起出台了"以奖促治"的政策措施,在各地大力推动解决以下问题:一是农村饮用水安全问题,强化饮用水水源地保护;二是农村生活污水问题;三是农村生活垃圾问题;四是农村畜禽养殖污染问题。

从这些年的实施情况来看,取得了积极的成效。截至 2015 年年底,中央财政共安排农村环保专项资金 315 亿元,支持 7.8 万个村庄开展环境综合整治,1.4 亿农村人口直接受益。整治过的村庄饮用水水源地得到保护,生活污水、垃圾和畜禽养殖污染得到有效治理,村庄环境面貌得到改善,农村老百姓实实在在受益。

14. "十二五"期间我国生态保护取得了哪些进展?

"十二五"时期,我国持续加大生态保护力度。我国是世界上生物多样性最为丰富的国家之一。作为人类生存发展的基础条件和重要战略资源,保护生物多样性既可以维持和提升生态系统服务功能,又可以促进生物资源合理开发利用。当前,我国的生物多样性正受到严重威胁，濒危物种增多。

“十二五”时期，我国成立生物多样性保护国家委员会，发布《生物多样性保护战略与行动计划（2011—2030 年）》，启动“联合国生物多样性十年中国行动”。大力实施天然林资源保护、退耕还林、退牧还草等生态修复工程，建成以自然保护区为骨干的生物多样性就地保护网络体系，各类自然保护区总面积达 147 万平方千米，其中陆域面积 142 万平方千米，约占我国陆地国土面积的 14.8%。89% 的国家重点保护野生动植物种类以及大多数重要自然遗迹在自然保护区内得到保护，部分珍稀濒危物种野外种群逐步恢复。我国特有的哺乳动物大熊猫，已从“濒危”物种降为“易危”物种，国内已知哺乳动物有 40 多种由极度濒危降至濒危或由濒危降至易危。

面对大规模利用活动带来的生态保护压力，“十二五”期间，积极推进生态保护红线划定，编制生态保护红线划定方案，出台技术指南，并在内蒙古、江西、广西、湖北开展试点，江苏省在全国率先完成生态红线划定。全国共有 28 个省（区、市）将这项工作列入省级政府任务。

生态文明示范建设是“绿水青山就是金山银山”的生动实践。2013 年 6 月，中央批准将“生态建设示范区”正式更名为“生态文明建设示范区”。目前，全国共有福建、浙江、辽宁、天津等 16 个省（区、市）开展生态省建设，1 000 多个市（县、区）开展生态市县建设，143 个市、县（区）获得国家生态建设示范区命名，建成 4 596 个生态乡镇，涌现了一批经济社会与生态环境协调发展的先进典型。

饮用水安全是人民群众普遍关心的问题。建立了全国城市集中式饮用水水源环境状况年度评估机制，实施水源地水质监测实施方案，开展针对地表水环境质量标准规定的109项指标全分析，组织城镇集中式饮用水水源保护区专项检查，全国329个地级及以上城市集中饮用水水源取水达标率为96.2%。

15.“十二五”期间我国环境宣教、环保公众参与情况如何？

环境保护需要全社会共同行动。“十二五”以来，依托“六·五”环境日、世界地球日、“5·22”国际生物多样性日等纪念活动，通过各种媒介和手段，加强生态环境保护宣传，推动绿色环保观念深入人心。出台了《关于培育引导环保社会组织的指导意见》，引导环保社会组织健康发展，在加强宣传和引导、促进公众参与等方面发挥了积极作用。

（1）加大信息公开力度，积极推动公众参与

加大信息公开力度是公众参与的重要保障。各级环保部门及时主动公布空气、水环境质量等与民生密切相关的环境信息，发布重点排污企业和违法排污企业名单，实现环境影响评价报告书（表）全本公开、政府承诺文件公开、审批决定公开、环评机构和人员诚信信息公开。出台《关于推进环境保护公众参与的指导意见》《环境保护公众参与办法》，拓宽群众参与渠道和参与范围。

（2）拓宽信访举报渠道，保障群众的监督权

2014年，环境保护部接待来信来访数量达到4.4万余件次，

是 2010 年的近 1.7 倍；处理群众来电及网上举报近 3.9 万次，是 2010 年的 1.67 倍。2015 年 6 月 5 日，开通“12369”环保微信举报平台，让每一部手机都成为一个移动监控点，让每一位公众都是一位环保监督员。截至 2015 年年底，全国共收到并办理举报线索超过 1.3 万件，件件有着落、有反馈。信息公开对提升公众的环境意识，监督企业守法，发挥了重要作用。

（3）全社会关心支持和参与环保的氛围更加浓厚

很多地方党委、政府把生态文明建设和环境保护放在全局工作的突出位置。公众更加关注和支持身边的环境污染治理，在衣食住行游各个方面尊重自然、爱护环境的行为更加自觉。

16.2015 年我国环境质量状况如何？

2015 年，全国环境质量进一步改善，但环境污染重、生态受损大、环境风险高等问题仍然突出。

2015 年《政府工作报告》确定的主要污染物减排年度目标超额完成。2015 年，全国化学需氧量、二氧化硫、氨氮、氮氧化物排放总量同比分别下降 3.1%、5.8%、3.6%、10.9%，比 2010 年分别下降 12.9%、18%、13%、18.6%；森林覆盖率由 2010 年的 20.36% 提高到 21.66%，森林蓄积量增加到 151 亿立方米。

（1）空气质量

全国 338 个地级及以上城市中，有 73 个城市达标，占 21.6%；优良天数比例 76.7%，重度及以上污染天数比例 3.2%；细颗粒物（$PM_{2.5}$）年均浓度 50 微克 / 米^3，超标 42.9%，可吸入颗粒物（PM_{10}）年均浓度 87 微克 / 米^3，超标 24.3%；二氧化硫（SO_2）、二氧化氮（NO_2）、臭氧（O_3）、一氧化碳（CO）年均浓度分别为 25 微克 / 米^3、30 微克 / 米^3、134 微克 / 米^3、2.1 毫克 / 米^3，均达标。空气质量总体呈改善趋势，但污染程度仍较高，部分地区冬季雾霾天气频发高发。细颗粒物和可吸入颗粒物作为首要污染物的超标天数占总超标天数八成多。

全力推进污染治理。深入实施《大气十条》，对各省（区、市）2014 年贯彻实施《大气十条》情况进行考核，并将考核结果向各省通报并上报国务院。制定《环境空气质量目标改善预警制度（试行）》，按季度通报各地情况。新增煤电机组脱硫增容改造 1 亿千瓦，新增脱硝机组 1.4 亿千瓦，累计完成煤电机组超低排放改造 1.6 亿千瓦。启动石化行业挥发性有机物（VOCs）综合整治，在石化、包装印刷行业开展排污费征收试点。印发《关于全面推进黄标车淘汰工作的通知》，全国淘汰 2005 年年底前注册营运黄标车 126 万辆，提前完成全年淘汰数量任务。全国全面供应国四标准车用汽柴油，北京、天津、上海、江苏、广东、陕西等地供应国五标准车用汽柴油。全年生产新能源汽车 37.9 万辆，同比增长 4 倍。完成 22 个重点城市大气颗粒物污染来源解析工作，在 14 个城市开展源排放清单试点，各省（区、市）、省会城市和计划单列市空气质量预报预警系统全部建成。京津冀及周边地区、长三角等重点区域联防联控协作机制进一步深化，圆满完成“9·3”抗战胜利 70 周年纪念活动、世界互联网大会空气质量保障任务。加强重污染天气联合会商和预警发布，严格落实应急措施。针对秋冬以来各地出现的重污染天气过程，环境保护部指导各地加强监测预报和跟踪研判，督促有关地方及时启动应急预案并严格落实应急措施，加强信息发布，全力做好应对。

（2）水环境质量

全国地表水达到或好于Ⅲ类水质的国控断面比例为 64.5%。开展监测的地级及以上城市集中式水源地中，有 92.6% 地表水型饮用水水源地达标，86.6% 地下水型饮用水水源地达标。地表水水质稳中趋好，但部分水体污染问题突出。2015 年，达到或好于Ⅲ类水质比例断面比 2010 年提高 14.6 个百分点，劣Ⅴ类水质比例下降 6.8 个百分点。劣Ⅴ类水体集中在海河、淮河、辽河和黄河流域。城市黑臭水体大量存在。湖库富营养化无明显改善。近岸海域局部污染严重。

进一步加强水污染防治，全国新增城镇污水日处理能力 1 096 万吨、再生水利用能力 338 万吨。城市污水处理率达 91.97%，生活垃圾无害化处理率达 93.7%。建立城市黑臭水体整治监管平台。实施国家地下水监测工程。全国完成 7.2 万个村庄环境综合整治任务。

深入落实《水十条》，制定目标责任书和考核办法，建立全国及重点区域水污染防治协作机制。制定拟出台的配套政策措施清单，发布实施《环保“领跑者”制度实施方案》《加强农村饮用水水源保护工作的指导意见》《城市黑臭水体整治工作指南》等文件。中央财政整合设立水污染防治专项资金，2015 年预算规模增加到 130 亿元，已分批下达 120 亿元。推动建立健全皖浙新安江、津冀引滦入津、粤桂九洲江等流域水环境补偿机制。优化整合水环境监测网络建设，国家地表水环境监测网络点位调整为 2 700 多个，以满足《水十条》规定的水质评价与考核要求。各地水污染防治方案编制工作有序推进，21 个省（区、市）已经印发并报国务院备案。

（3）土壤污染防治

全国土壤环境状况，总的点位超标率为 16.1%，耕地土壤点位超标率为 19.4%。长三角、珠三角、东北老工业基地等部分区域土壤污染问题较为突出，西南、中南地区土壤重金属超标范围较大。

稳步推进土壤污染防治。在 10 个省份启动土壤污染治理与修复试点示范项目，推进湖南、重庆、江苏等省（市）污染场地环境监管试点，部署京津冀关停搬迁工业企业场地排查工作。支持 38 个重金属重点防控区域开展综合防治示范。持续开展农产品产地土壤重金属污染普查，涉及 16.23 亿亩。对重金属污染防治综合规划实施存在问题的地区进行通报和预警，对重金属污染物排放量增幅过快的地市扣减专项资金。审核废弃电器电子产品拆解数量 6 900 万台，拨付补贴资金 53 亿元。

（4）总量减排

京津冀、长三角、珠三角等区域电力、钢铁、平板玻璃、水泥等重点行业 1 387 个企业限期治理工程基本完成。环境保护部会同发展改革委、能源局联合印发《全面实施燃煤电厂超低排放和节能改造工作方案》，出台《关于加强燃煤质量管理减少大气污染物排放的通知》《加强大气污染治理重点城市煤炭消费总量控制工作方案》等文件，对完成超低排放改造的现役燃煤火电机组上网电价每度电补贴 1 分钱，新建超低排放机组补贴 0.5 分钱。

（5）生态环境状况

2015 年完成的全国生态环境十年（2000—2010 年）变化调查

评估结果显示，全国森林、湿地、草原生态系统面积有所增加，土地沙化面积减少 6%，石漠化面积减少 4.7%；自然海岸线长度减少 10.5%，海岸带自然湿地减少 14.9%。国家开展生态环境质量考核的 512 个县中，105 个变好，66 个变差。加大投资力度，实施一批重大生态环保工程。中央财政节能环保支出 2 782.16 亿元，同比增长 13.9%。其中，安排大气污染防治专项资金 106 亿元，水污染防治专项资金 121.5 亿元，重金属污染防治专项资金 37 亿元。实施生物多样性保护重大工程，开展天然林资源保护、新一轮退耕还林还草、退牧还草、石漠化综合治理等生态保护与修复工程。

（6）环境风险应对

突发环境事件呈下降趋势，核与辐射安全可控。2015 年全国共发生各类突发环境事件 330 起，同比下降三成。但区域性、布局性、结构性环境风险日益凸显，12% 的危险化学品企业距离饮用水水源保护区等环境敏感区域不足 1 千米。

17.《环境保护法》实施以来取得哪些进展？

2015 年是新修订《环境保护法》实施的第一年，环境保护部制定了专门的工作方案，细化任务、分工和举措。及时研究在实施过程中出现的问题，推动新法的实施等。同时，每月向媒体公布《环境保护法》执行情况，曝光典型违法案例。从一年的实施情况来看，取得了明显的阶段性成果。主要有以下几个方面：

（1）牵住“牛鼻子”

牵住“牛鼻子”就是要落实地方政府的环境保护责任，这是《环境保护法》第六条的明确规定。只有落实地方政府的环境保护责任，地方政府守法了，企业才能更好地守法。2015 年，环境保护部加大了督政和公开约谈的力度，对 33 个市（区）开展了综合督察，公开约谈了 15 个市级政府主要负责人。同时，督促各省（区、市）对 30% 以上的地市级政府进行环保督察，对 31 个市进行了约谈、20 个市（县）实施了区域限批、176 个问题挂牌督办。通过这些督察、约谈、督办，有力地推动了地方政府环保责任的落实，解决了一批突出的环境问题，使区域环境质量得到提升。

（2）抓住重点，铁腕执法，落实企业的环保责任

2015 年，全国执行按日连续处罚案件 715 件，罚款数额达 5.69 亿元，查封扣押 4 191 件，各级环境保护部门下达行政处罚决定 9.7 万余份，罚款 42.5 亿元，比 2014 年增长了 34%。从这些案件中梳理公布了 74 起典型案件，以案说法。环保不以罚款为目的，严格执法的主要目的是让企业认识到守法的重要性。

（3）高悬利剑

加强行政执法和刑事司法联动，让违法者不仅受到行政处罚，严重的还要受到刑事处罚。2015 年，环境保护部联合公安部、最高检对两起性质恶劣的案件进行了挂牌督办。全国移送行政拘留案件 2 079 起，移送涉嫌环境污染犯罪案件 1 685 件。

（4）打开新路

环境保护部配合立法机关和司法机关，推动公益诉讼，让污染排放者不仅受到行政处罚，还要进行环境损害赔偿，维护环境受害者的利益。2015 年，全国各级法院受理环境公益诉讼案件 53 起，其中民事公益诉讼案件 47 起，另外还有行政公益诉讼案件 6 起。同时，要把执法部门放在司法的监督之下，一些典型案件引起了媒体的高度关注，特别是腾格里沙漠污染案。中国生物多样性保护与绿色发展基金会对这个案件提起公益诉讼，中级人民法院裁定不予受理，2016 年 1 月 28 日最高法做出了终审裁定，要求中级人民法院立案受理。环境保护部对最高法的裁定高度赞赏，将积极配合做好相关工作。

（5）全面出击

开展全国环境保护大检查。2015 年共检查企业 177 万家，查处各类违法企业 19.1 万家，责令关停取缔 2 万家、停产 3.4 万家、限期改正 8.9 万家。

在《环境保护法》实施过程中，也遇到了一些问题，包括一些地方的党委、政府及部门环境保护责任不落实，环保的压力层层衰减，越到基层责任越不清楚、越不落实。另外，企业的环保主体责任也不落实，企业违法问题屡禁不止，一些企业环境信息公开不够翔实。另外，基层执法能力过弱，人手少，装备差，有些执法部门甚至连执法车都没有。

环境保护部党组决定将 2016 年继续作为《环境保护法》的“实施年”，特别是要结合新修订的《大气污染防治法》，加强落实，把这项工作持之以恒地抓下去，使地方政府落实环保责任，使企业守法成为常态。

18. 我国在治理雾霾方面有哪些措施和成效？

党中央、国务院高度重视雾霾治理，习近平总书记对环境保护工作和大气污染治理多次提出新的思想、新的论断、新的要求。李克强总理、张高丽副总理也多次作出重要批示。雾霾是我们面临的突出环境问题，必须提高科学治霾和系统治霾水平，用硬措施、硬任务来应对硬挑战。

治理雾霾有三个阶段：

第一阶段，污染的排放量超过环境的容量，这个阶段可能对污染的原因没搞清楚，治理效果不佳，付出再大努力也见效微弱。

第二阶段，持续治理阶段，但受到很多自然边界条件的影响，比如风速、湿度、降雨等，治理效果会出现波动，时好时坏，特别是在极端天气情况下会更为突出。

第三阶段，进一步治理污染排放阶段，此时不再受气候条件、水文条件、边界条件等的影响，环境问题得以解决。

目前我国大气环境治理正处在第二阶段，走向第三阶段。

我国付出了巨大的努力来解决污染排放问题、雾霾问题。2013 年 9 月，国务院出台了《大气污染防治行动计划》（简称《大气十条》），从 10 个方面提出了 35 项具体措施。这是对治理雾霾全面的、系统的部署，是今后几年治理雾霾的行动指南和路线图。《大气十条》出台以后，各地、各部门全面落实，从结构减排、产业结构调整、控煤到汽车污染控制，以及秸秆禁烧、扬尘控制等，采取了大量措施，投入力度和行动力度都是前所未有的，是在用硬措施、硬任务来应对硬挑战。《大气十条》实施以来，雾霾治理取得了一定的成效，优良天数、重污染天数、全年 $PM_{2.5}$ 浓度 3 项指标都在发生积极的变化。

从国际经验和“APEC 蓝”实现的过程来看，要实现大气环境质量的明显好转，必须把污染物排放量从现在的千万吨级水平降到百万吨级水平。这是可以做到的，但是难度确实很大，需要付出格外艰苦的努力。

19. 2015 年污染防治对推进转方式调结构发挥了哪些作用？

预防是环境保护的第一要务，也是最好的治理。环保部门坚持打好空间管控、环评把关、标准引导等组合拳。

（1）加快落实环境功能区划和生态保护红线

联合印发《关于贯彻主体功能区环境政策的若干意见》，扎实推进环境区划工作。印发《生态保护红线管控试点方案》和《生态保护红线划定技术指南》，指导地方划定生态保护红线。全国共有 28 个省（区、市）将这项工作列入省级政府任务，6 个省（市）已基本完成第一批生态保护红线划定工作。

（2）积极稳妥化解产能过剩

近 3 年淘汰落后炼钢炼铁产能 9 000 多万吨、水泥 2.3 亿吨、平板玻璃 7 600 多万重量箱、电解铝 100 多万吨。推进煤炭清洁高效利用。出台关于重点产业布局调整和产业转移的指导意见，引导相关产业向适宜开发区域集聚。

（3）着力提高环评工作水平

完善规划环评制度体系，发布《关于开展规划环境影响评价会商的指导意见（试行）》《关于加强规划环境影响评价与建设项目环境影响评价联动工作的意见》，推动规划环评落地。启动京津冀、长三角、珠三角三大区域战略环评。加快水利、铁路等基础设施、民生工程和重大项目审批，2015 年拟开工的 30 个重大水利工程项目全部按时完成环评批复；60 个重大铁路项目中，由环境保护部审批的 25 项已批复 23 项。国家层面批复项目环评文件 159 个，涉及总投资 1.5 万多亿元；不予审批 21 个，涉及总投资 1 170 多亿元。深化环评制度改革，发布《环境保护部审批环境影响评价文件的建设项目目录（2015 年本）》，下放 32 项建设项目的环评审批权限；修订《建设项目环境影响评价分类管理名录》，将 13 类项目由编制环境影响报告书改为编制报告表或填报登记表，环评手续办理更加便捷高效。在下放环评审批权限的同时，发布实施重点行业环评审批原则和准入条件，印发火电、石化等 8 个行业环评审批准则，修订环评技术导则总纲。严格事中事后监管，印发《建设项目环境保护事中事后监督管理办法（试行）》，突出建设单位环境保护主体责任和属地环保部门监管责任，采用"双随机"抽查、约谈、区域限批或上收审批权限等手段，确保审批权下放后地方接得住、管得好；印发《建设项目环境影响后评价管理办法（试行）》，对重大、敏感项目运行一段时间后的环境影响和生态保护措施有效性进行评价；印发《建设项目环境影响评价区域限批管理办法（试行）》，对未达到国家环境质量目标，存在严重环境违法行为的予以限批，督促地方政府和企业依法履行环保责任。

（4）完善环境标准体系

发布国家环保标准 83 项，《大气十条》要求制定大气污染物特别排放限值的 25 项重点行业排放标准全部完成，现行有效国家环保标准达 1 700 多项。制定《污染防治技术政策编制导则》，发布《重点行业二噁英污染防治技术政策》等 5 项技术文件。环保标准和污染防治技术政策成为促进技术创新和推进产业转型升级的重要抓手。

出台环境保护督察、生态环境监测网络建设、生态环境损害赔偿制度改革试点等配套文件。推进大气、水和土壤环境质量监测网络建设和事权上收。启动生态环境损害赔偿制度改革、自然资源资产负债表编制、自然资源资产离任审计等试点。深入开展排污权有偿使用与交易试点，累计交易超过 70 亿元。积极推进环保费改税。

20. 2015 年农村环境保护有哪些进展？

党中央、国务院对加强农村环境保护作出了一系列决策部署，各级环保部门认真贯彻执行，持续加强农村环境连片综合整治，取得明显成效，深受广大干部群众欢迎和拥护。主要表现在以下几个方面：一是改善农村人居环境；二是促进主要污染物的减排；三是推进农村环保技术和产业的发展；四是带动农民增收致富、促进社会和谐；五是推动农村生态文明的建设。

2015 年，印发《关于加强“以奖促治”农村环境基础设施运行管理的意见》，指导各地建立健全污染治理设施长效运行管理机制。中央财政安排资金 60 亿元，支持 16 个省（区、市）开展农村环境综合整治，一批农村突出环境问题得到解决。

21.2015 年加强核与辐射监管取得哪些成效？

“十二五”以来，我国核与辐射安全监管法规制度进一步完善，体制机制进一步理顺，机构队伍进一步壮大，监管能力进一步提高，核安全文化进一步提升，核设施安全水平进一步提高，安全隐患进一步消除，运行核电机组、民用研究堆持续保持良好安全运行记录，核电厂未发生过 2 级及以上事件（事故）；放射源事故发生率进一步降低，从“十一五”的每年每万枚 2.5 起以上持续下降至每年每万枚 1 起以下，辐射环境始终保持良好状态。

发布《核安全文化政策声明》，开展核安全文化宣贯推进专项行动。28 台运行核电机组、19 座民用研究堆保持良好安全运行记录，26 台在建核电机组建造质量受控。完成“华龙一号”等我国自主化设计核电示范工程审批。日本福岛核事故后，全国各地核设施安全改进基本完成。全国辐射环境监测网建设取得新的进展。加强演练，做好核应急准备。国家核与辐射安全研发基地开始动工兴建。

22. 2015 年深化环保领域改革有哪些举措?

作为“十二五”规划的收官之年、全面深化改革的关键之年以及新《环境保护法》的实施之年，2015 年，环境保护部认真贯彻落实党中央、国务院决策部署，围绕稳增长调结构促改革惠民生防风险，平衡和处理好发展与保护的关系，以改善环境质量为核心，在深化环保领域改革，完善环保制度体系方面，主要做了以下工作：

积极配合推进生态文明体制改革“1+6”方案出台。牵头制定《环境保护督察方案（试行）》《生态环境监测网络建设方案》《生态环境损害赔偿制度改革试点方案》3 个改革方案，参与起草《生态文明体制改革总体方案》《关于开展领导干部自然资源资产离任审计的试点方案》《编制自然资源资产负债表试点方案》《党政领导干部生态环境损害责任追究办法（试行）》，生态环境保护“党政同责”“一岗双责”、生态环境损害责任终身追究等有了明确依据。

在环境监测体制改革方面。环境保护部联合财政部印发《关于支持环境监测体制改革的实施意见》，制定《国家环境监测事权上收实施方案》，出台《环境监测数据弄虚作假行为判定及处理办法》《关于推进环境监测服务社会化的指导意见》，会同中央编办编制全国环境监测机构编制标准化建设的指导意见，一批制约环境监测工作的体制机制障碍正在逐渐破解。

在环保投融资和环境服务业方面。联合印发《推进水污染防治领域政府和社会资本合作的实施意见》。探索建立金融支持环境保护的新型政银合作关系，启动环境保护部、国家开发银行新一轮战略合作，融资总量超过 3 000 亿元。开展第 5 批环境服务业试点工作。

在环境经济政策方面。印发《关于加强企业环境信用体系建设的指导意见》，初步建成企业环境信用信息系统并接入全国统一的信用信息共享交换平台。在 6 个地区开展绿色 GDP 核算试点，提出 2004—2013 年全国绿色 GDP 核算成果。印发《环境保护综合名录（2015 年版）》，发布全国投保环境污染责任保险企业名单。积极推进环保费改税，《环境保护税法》向社会征求意见。

23. 2015 年环境法治建设取得了哪些成效？

进一步加强环境法治建设，环境立法、执法和应急处置更加有力。

（1）大力推动环境保护立法

推动《大气污染防治法》修订发布，《水污染防治法》《土壤污染防治法》《核安全法》列入全国人大五年规划，环境影响评价、建设项目环境保护管理、排污许可、环境监测等方面法律法规的制修订有序推进。环境保护部配合最高人民法院制定出台环境民事公益诉讼案件、环境侵权责任纠纷案件适用法律若干问题的解释，环境司法保障得到进一步加强。

深入开展新《环境保护法》实施年活动，以偷排、偷放等恶意违法排污行为和篡改、伪造监测数据等弄虚作假行为为重点，依法严厉查处环境违法行为。落实企业环保主体责任，全国范围内实施按日连续处罚、查封扣押、限产停产案件8 000余件，移送行政拘留、涉嫌环境污染犯罪案件近3 800件。各级环保部门下达行政处罚决定9.7万余份，罚款42.5亿元，比2014年增长34%。环境保护部通报15起污染源自动监控设施及数据弄虚作假案件的典型案例。组织开展环境保护大检查，全国共检查企业177万家次，查处各类违法排污企业19.1万家，责令关停取缔2万家、停产3.4万家、限期改正8.9万家。

依法落实地方政府环保责任，由单纯“督企”向综合“督政”转变，环境保护部组织对33个市（区）开展综合督查，公开约谈15个市级政府主要负责人，推动解决了一批突出环境问题。各省（区、市）和新疆生产建设兵团对163个市开展综合督查，对31个市进行约谈、20个市（县）实施区域环评限批、176个问题挂牌督办。

加强行政执法与刑事司法联动，环境保护部首次联合公安部、最高检对两起案件启动联合挂牌督办，形成合力打击环境污染犯罪活动。扎实推进网格化环境监管，全国67%的地级市、60%的县区完成网格划分工作。

（2）提升环境应急管理水平

出台《企业事业单位突发环境事件应急预案管理办法》《企业突发环境事件风险评估指南》。突发环境事件呈减少趋势。2015年全国共发生各类突发环境事件330起，同比下降三成。环境保护部直接调度处置突发环境事件82起。天津港“8·12”特别重大火灾爆炸事故后，环境保护部迅速反应、科学应对，多地环保部门紧急驰援，当地政府全力以赴有效处置，实现了党中央、国务院关于防止发生次生环境污染的要求。甘肃陇星锑业有限公司尾砂泄漏事件发生后，环境保护部第一时间派出工作组和专家赴现场督促指导，甘肃、陕西、四川三省协力妥善处置，保障了嘉陵江沿线群众饮水安全。

24. 2015 年环保能力和队伍建设取得哪些成效？

强化环保能力和队伍建设，各项基础工作加快推进，主要表现在：

（1）强化环境保护资金保障

落实中央各类环境保护专项资金 370 亿元左右，比 2014 年增长 27.6%。在湖泊生态保护、重金属污染防治等领域，采取竞争性方式择优重点支持，在大气污染防治等领域，采取因素法分配资金，资金分配和使用的效率得到有效提高。

（2）加强环保机构和人才队伍建设

环境保护部机关内设机构调整和环境监察体制改革方案得到中央编办批复。研究起草部机关“三定”修订草案和环境监察体制设置。强化干部队伍培养选拔与交流调整，加大机关干部内部交流、机关与部属单位干部双向交流工作力度，探索构建“之”字型干部培养使用模式。湖南、广西、重庆等省（区、市）推进乡镇环境监管机构建设。江苏、内蒙古等省（区）要求 2016 年年底前完成所有环境监察人员参照公务员管理。

（3）全面推进规划、科技、监测、国际合作等工作

积极配合发改委做好“十三五”规划纲要相关内容的编制工作，研究提出“十三五”生态环境保护规划思路和框架大纲。发布水体污染控制与治理重大专项（简称水专项）先进技术、专利等成果汇编。启动“全国重点地区环境与健康专项调查”。向发展改革委上报 10 部委联合编制的生态环境信息化建设工程可研报告和信息共享应用协议。编制完成《排污企业自行监测指南总则》。对全国 512 个国家重点生态功能区县域生态环境质量进行监测、评价与考核，为中央财政转移支付提供重要依据。成功举办中国“十三五”规划环境与发展国际咨询会及中国环境与发展国际合作委员会（简称国合会）2015 年年会。建立工作机制、制定规划、搭建平台，为“一带一路”战略实施提供环保支撑。

25. 2015 年落实主体责任，深入推进党风廉政建设有哪些举措？

（1）狠抓中央专项巡视整改落实

环境保护部成立巡视整改工作领导小组，制定《环境保护部巡视整改落实事项责任清单》，提出 5 大类 80 条整改措施，并将整改落实情况向社会公开。

（2）深入开展“三严三实”专题教育

按照中央统一部署，在处级以上领导干部中深入开展“三严三实”专题教育，着力解决不严不实问题，增强领导干部践行“三严三实”的思想和行动自觉。制定《环境保护部作风建设责任清

单》，梳理 4 大类 49 项改进措施，明确责任部门和完成时限，取得明显效果。组织开展 4 次创新大讨论，各部门各单位司处级干部和 30 余个省、市、县（区）环保部门负责人，聚焦生态环保重点工作，进行广泛深入交流，不谈成绩、不讲客套，多摆问题、多提建议，统一思想、凝聚共识，推动形成《“十三五”环境影响评价改革实施方案》《生态环境大数据建设总体方案》等 10 余项具体成果。环境保护部梳理出基层同志反映的各类问题建议 80 条，逐一明确落实措施与责任单位，做到件件有着落。

（3）落实全面从严治党主体责任

制定《环境保护部贯彻落实全面从严治党要求实施办法》，成立部党建工作领导小组。成功召开部直属机关第一次党员代表大会。组织党员干部深入学习贯彻《中国共产党廉洁自律准则》《中国共产党纪律处分条例》，集中开展“强作风、严纪律、作表率”党风廉政教育月活动。开展中央八项规定精神贯彻落实情况专项检查，在评先评优、干部提拔使用工作中，对出现违纪行为的 3 个单位和 11 名个人实行一票否决。查处 7 起党风廉政建设责任追究案件，对涉及 6 个单位的 9 名司局级干部、8 名处级干部进行问责。

26.“十三五”时期我国环境保护面临哪些新形势新挑战新任务？

“十三五”时期是全面建成小康社会、实现第一个百年奋斗目标的决胜阶段。环境保护既处于大有作为的重要战略机遇期，又处于负重前行的关键期；既是实现环境质量总体改善的窗口期、转折期，也是攻坚期。

（1）实现全面建成小康社会，亟须加快补齐生态环境突出短板

全面建成小康社会核心在“全面”，成效在“全面”，艰巨也在“全面”。小康全面不全面，生态环境质量是关键。加快补齐生态环境短板面临巨大挑战，需要付出极其艰苦的努力。一方面，经济新常态下，经济增长速度由高速转向中高速，产业结构由低端迈向中高端，结构调整、转型升级，有利于降低单位产值污染物排放强度；另一方面，我国工业化、城镇化、农业现代化的任务尚未完成，还处在快速发展阶段，产业结构偏重、发展模式粗放等问题仍然在一些地区具有“锁定效应”，经济总量和增量仍在持续上升，污染物新增量依然处于高位。特别是，伴随着经济下行压力加大，发展与保护的矛盾更加突出，一些地方解决环境问题的责任和动力会减弱。城镇化滞后于工业化，未来 20 年，我国城镇化率将达到 70% 左右，将有 3 亿人口由农村转移到城市。研究表明，城镇人均生活能耗是农村人均水平的 1.54 倍，未来城镇化率每提高 1 个百分点，将增加生活垃圾 1 200 万吨、生活污水 11.5 亿吨，消耗 8 000 万吨标煤。如果延续粗放的传统城镇化模式，污染物在时间上的累积和区域空间上的复合效应将更加明显。

（2）全面深化生态环保改革，任务异常繁重

改革是推进环保事业持续健康发展的动力，也是破解发展与保护难题的出路。改革开放 30 多年来，我国经济快速发展，但生态环境问题却越来越突出。究其原因，根本在于体制机制不适

应，缺少科学合理、规范刚性的制度安排，不能破解发展与保护的矛盾，导致很多地方和部门重经济发展轻环境保护，抓经济手硬、抓环保手软。由于长期历史累积，今天的环境保护工作不仅要不欠新账，还要多还旧账，解决很多遗留问题，压力和挑战前所未有。这就需要把深化改革放在核心位置，从制度入手，解决制约环保事业发展的体制机制障碍。为此，党中央、国务院相继出台实施一系列改革文件和举措。对生态环境保护而言，重点是三个方面：一是抓好中央已出台的关于生态文明建设和环境保护的改革任务。如“1+6”改革举措，抓紧细化，落地生根。二是加快推动建立最严格的环境保护制度，建立覆盖所有固定污染源的企业排放许可制，完善环境监管执法制度，实行省以下环保机构监测监察执法垂直管理制度，健全环境信息公开制度等。对这些制度要尽快推动，有些要制订完整的实施方案，搞好试点示范。三是落实中央对生态环保领域改革提出的新任务新要求。推进供给侧结构性改革，是习近平总书记和2015年中央经济工作会议提出的最新改革要求。2016年结构性改革的关键点，主要是去产能、去库存、去杠杆、降成本、补短板五大任务。生态环境保护必须更加注重促进形成绿色生产方式和消费方式，调整供给结构，提供更多优质生态产品。同时，要利用好结构性改革契机，乘势而为，加大力度，严格环保执法监管，强化污染减排和达标排放，以此来安排、落实和推动环保工作。

（3）进一步推进环境治理和质量改善，各项工作艰巨复杂

对比发达国家的发展历程，我国在相同发展阶段面临的环境问题更加复杂，难度前所未有。传统煤烟型污染与臭氧、$PM_{2.5}$、

挥发性有机物（VOCs）等新老环境问题并存，生产与生活、城市与农村、工业与交通环境污染交织。我国一些主要污染物排放量仍处于高位，总量减排与环境质量改善的关系更趋复杂。2014 年，全国 COD 排放总量为 2 294.6 万吨，二氧化硫为 1 974.4 万吨，氮氧化物为 2 078 万吨。要实现环境质量根本好转，二氧化硫、氮氧化物等总量排放至少要下降到百万吨级水平。一些没有纳入总量减排控制的污染物排放量依然在持续上升，对环境质量的影响进一步显现。据测算，全国挥发性有机物排放量高居 3 000 多万吨，对区域复合型大气污染影响较大。2015 年，首批开展空气质量监测考核的 74 个城市平均超标天数比例超过 1/4，达 28.8%。入冬后，重污染天气高发。全国地表水特别差和特别好的水体都在减少，城市黑臭水体大量存在。我国生态足迹增加的速度远高于生物承载力的增长速度，是生物承载力的 2 倍以上。海河、黄河、辽河流域水资源开发利用率分别高达 106%、82%、76%，远远超过国际公认的水资源开发生态警戒线（40%）。有效应对和推动解决这些突出问题，环保工作量剧增，任务特别艰巨，需要全面谋划，整体推进，聚焦主业，打牢基础，突破难点，不断取得更大的成效。

（4）环境进入高风险期，守住安全底线难度大

2015 年，相继发生福建漳州古雷石化（PX）项目爆炸、天津港“8・12”特别重大火灾爆炸事故等一系列重特大安全生产事故，表明长期以来粗放式发展的负面影响开始显现，也给我们敲响了警钟，环境安全意识必须始终牢记，环境安全防线不能有一丝一毫放松。当前和今后一段时期是我国环境高风险期，有的是环境自身的问题，有的是衍生出来的问题，区域性、布局性、

结构性环境风险更加突出，环境事故呈高发频发态势。我国化工产业结构和布局不合理，布局总体呈现近水靠城的分布特征，12% 的危险化学品企业距离饮用水水源保护区、重要生态功能区等环境敏感区域不足 1 千米，10% 的企业距离人口集中居住区不足 1 千米，保障饮用水安全压力巨大。前事不忘，后事之师。松花江水污染事件历历在目，甘肃陇星锑污染事件近在咫尺，守住环境安全底线是利剑高悬、重过千钧。

（5）区域环境分化趋势显现，统筹协调的要求高范围广

我国经济社会发展不平衡，东部一些地区进入工业化后期，环境质量出现好转态势，但中西部很大程度上仍在复制东部过去的发展模式。从项目环评审批情况看，中西部地区重化工项目投资持续攀升，相关产业自东向西转移趋势已经比较明显。“十二五”以来，环境保护部审批的重化工项目中，中西部投资占全国的 80%。青海、甘肃等省（区）的规划和项目建设集中在石油化工、有色冶金和电力行业；中部地区集中在装备制造、石油化工、钢铁、有色冶金、煤炭及电力、建材等基础能源原材料行业。如果统筹处理不好，西部有可能重复东部一些地区污染严重、生态受损的状况。西部是我国的生态屏障和“水塔”，生态环境敏感度高、监管能力弱，一旦出问题，将会是灾难性的。

机遇与挑战并存，动力与压力同在。党中央、国务院高度重视生态文明建设和环境保护，我国发展正迎来由加快发展速度转变为加快调整经济发展方式的机遇，迎来规模快速扩张转变为提高发展质量和效益的机遇，全面深化改革与全面依法治国带来政策和法治红利，绿色发展带来技术红利的充分释放，公众生态环

境意识日益增强，全社会保护生态环境的合力逐步形成，生态文明已成为引领全球发展的重要理念和行动。这些都为生态文明建设和环境保护取得进展创造了良好条件，“十三五”环保事业将迎来更大、更快、更好发展。

27.如何以改善环境质量为核心，打好补齐环保短板攻坚战？

深刻学习领会和贯彻党中央、国务院关于生态文明建设和环境保护的新理念新思想新战略，面对新形势新挑战新任务，必须头脑清醒、意志坚定、定位准确，紧紧抓住改善环境质量这个核心，打好补齐短板攻坚战，厘清总体思路，把握前进方向，转变方式方法，加大力度、全力推进，着力提高环境治理水平。

（1）坚持绿色发展

绿色发展贯穿于经济、政治、文化、社会和生态文明五大建设各方面和全过程，各地方各部门各行业都要坚持绿色发展。推动绿色发展，核心是形成内生动力机制，关键是推动地方党委政府履行环保职责，把绿色发展转化为地方党委、政府和各部门的执政观、政绩观和实践观，平衡和处理好发展与保护关系，并落实到各项工作部署中。地方党委、政府和各部门不能只讲发展不顾环境，不能先发展后环保。如果经济发展一味以牺牲生态环境为代价，这是“吃祖宗的饭、欠子孙的债”，不算本事、难以持续；也不能只强调环保不顾及发展甚至搞垮了经济，同样不算本事，最后也会伤害环保。当然，现在的主要矛盾是前者。要坚持两点论、辩证法，讲两点最终对经济和环保都有好处，讲一点对经济和环保都没有好处。

处理好发展和保护的关系，关键是要扭转发展的传统惯性模式，增强转型的决心和勇气。越来越多的实践表明，发展与保护不仅相互制约，而且相互促进，两者既矛盾又统一。要改变环境保护影响经济发展的单向思维，处理好“长痛”和“短痛”的关系，粗放式发展总有一天会被历史淘汰，与其被动地淘汰，不如积极应对。同时，通过建立体现生态文明要求的目标体系、考核办法、奖惩机制，完善党政领导干部生态环境损害责任追究制度，强化绿色发展的刚性约束，推动地方党委、政府牢固树立绿色发展理念，把环境保护真正作为推动经济转型升级的动力，把生态环保培育成新的发展优势，探索绿色循环低碳发展新模式。

（2）以改善环境质量为核心

质量改善是坚持以人为本、增进人民福祉的重要体现，是生态环境保护的根本目标，也是评判一切工作的最终标尺。党中央作出以改善环境质量为核心、实现生态环境质量总体改善等一系列决策部署，这就是环保工作的政治，就是大局。环保一切工作都要讲政治，从大局出发思考问题，把以改善环境质量为核心谋划好、细化好、落实好，并且要作为政治纪律来坚守。明确以改善环境质量为核心，可以使环境治理成效与老百姓的感受更加贴近，让人民群众有明显的获得感；可以更好地调动地方积极性，让地方的环境治理措施更有针对性；可以更好地统筹运用结构优化、污染治理、总量减排、达标排放、生态保护等改善环境质量的多种手段，形成工作合力和联动效应。

必须将以改善环境质量为核心贯穿到环境保护工作各领域。要强化质量目标导向，完善以改善环境质量为核心的目标及考核评价体系，将环境质量指标作为对地方党委、政府的硬约束，严格考核问责。同时，坚持实事求是，充分调动地方的积极性、主动性和创造性，提高地方治理的科学性、系统性和针对性，解决突出环境问题。发挥地方首创精神，环境质量目标是硬的，但措施多样、方式灵活、因地制宜。不仅要强调工程设施建设，而且要强调运行管理；不仅要强调发展什么，而且要强调淘汰什么；不仅要强调关键节点和特殊时段的应对之策，而且要强调保护措施的连续性；不仅要强调短期效应，而且要强调长期效果。

（3）实行最严格的环境保护制度

这是继最严格的耕地保护制度、最严格的水资源保护制度之后，中央提出的第三个最严格的制度。“最严格”体现了党中央、国务院高度重视环境保护的意志决心，体现了积极回应人民群众对良好生态环境新期待的鲜明态度，体现了从源头、全过程和生产、流通、消费各环节来加强环境保护的新思路。保护环境的治本之策是源头严防，关键所在是过程严管，根本保障是后果严惩。

构建系统规范的激励约束机制，加快推进生态环境治理体系和治理能力现代化，为推进绿色发展、建设美丽中国提供持久的动力和保障。落实这一要求，需要加快推进制度改革，构建以空间规划为基础、以用途管制为主要手段的国土空间开发保护制度，划定生态保护红线，推动战略和规划环评落地，着力解决无序开发、过度开发、分散开发导致的生态空间占用过多、生态破坏、环境污染等问题；构建监管统一、执法严明、多方参与的环境治理体系，着力解决污染防治能力弱、监管职能交叉、权责不一致等问题；构建企业落实主体责任、排污许可、达标排放的管理制度，着力解决企业违法成本低等问题；构建更多运用经济手段进行环境治理和生态保护的市场体系，着力解决市场主体和市场体系发育滞后等问题；构建充分反映资源消耗、环境损害和生态效益的生态文明绩效评价考核和责任追究制度，着力解决发展绩效评价不全面、责任落实不到位、损害责任追究缺失等问题。

（4）提高环境管理系统化、科学化、法治化、精细化和信息化水平

解决环境问题，“头痛医头、脚痛医脚”很难取得好效果，必须坚持环境治理“五化”并举，不断提升管理质量和效能。系统化，就是按照习近平总书记“山水林田湖是一个生命共同体”的系统观，遵循生态系统的整体性、系统性及其内在规律，进行整体保护、系统修复、综合治理，统筹好部分与全局、个体与群体、当前与长远之间关系，实现环保理念认识的系统化、管理思路的系统化、手段措施的系统化。重点是推进规划环评落地，强化约束力，做好生态空间的用途管制；推进区域联防联控和流域共治，实行统一规划、联合监测、联动应急、信息共享。科学化，着重解决的是环境治理措施的针对性和有效性问题。环境治理不能搞大水漫灌，成本高效果还不好。要遵循科学的方法，懂得为什么治、治什么、怎么治，强化科技支撑，以科学事实、科研数据、科技成果为依据，提高决策科学化水平。坚持问题导向，结合各地实际情况，加强污染源解析等基础工作，采取更对症的治理手段。加强多污染物协同控制，推动形成改善环境质量的整体效果。法

治化，就是通过环境法律的完善和执行，使守法常态化。让环境违法行为受到应有处罚，使企业环境行为的外部性内部化，促进建立公平规范的市场竞争秩序。环境保护越来越依赖国家宏观政策来解决问题，而保持宏观政策有效性的基础是法治化。精细化，是改变粗放管理方式的重要抓手。大事必作于细、难事必作于易。要建立布局合理、覆盖全面的环境质量监测网络，并根据形势变化及时调整网络设置。探索和推行网格化环境监管体系，实行排污许可“一证式”管理，形成系统完整、权责清晰、监管有效的管理格局。分流域、分区域、分行业确定重点任务和年度目标，分区分类管控、分级分项施策。信息化，就是要加快推进大数据建设和应用，建立统一的环境监测、污染源监控、环境执法、环评管理、信息公开等平台，提高科学决策、监管执法、便民服务的水平。大数据等信息化手段以问题为导向，可以帮助我们更广泛应用数据，提供基础支撑，寻求优化方案，给管理带来质的变化。

要加快推进环境管理方式和工作方式转型，进一步解放思想，突破固有的观念、认识和习以为常的方式方法，处理好继承与创新关系，简政放权、放管结合，找到新路径、新办法来解决新问题。要把“党政同责”“一岗双责”落实到位，牵住地方政府对环境质量负责这个“牛鼻子”，加快从督企向督政转变。创新环保投融资机制，推动政府购买环境服务、环境污染第三方治理，鼓励和引导社会资本进入环保领域。健全环境信息公开制度，促进公众监督企业的环境行为，让每个人都成为保护环境的参与者、建设者、监督者。

（5）持续提升素质能力和改进工作作风

思路方向和目标任务明确之后，能力和作风至为关键。否则再好的愿景，再美的蓝图，也只能是水中月、镜中花。相比于环保新形势新任务对我们提出的迫切要求，一些干部能力素质还跟不上，思路方法还跟不上，工作作风还跟不上，思想转变的主动性积极性不够，老办法不管用，新办法不会用，积极作为、开拓创新的工作氛围还没有形成。要深入贯彻全面从严治党要求，严格落实党风廉政建设主体责任和监督责任，保证党中央、国务院对生态文明建设和环境保护的决策部署落地生根，取得成效。以抓铁有痕、踏石留印的韧劲，狠抓作风建设，塑造重品行、守纪律、敢担当、有作为的环保文化，形成上下信任、左右信任、组织与组织信任的生动局面，打造一支忠诚干净担当，政治强、业务精、敢作为、作风正的环保干部队伍。

28. 实现全面建成小康社会环保目标面临哪些机遇和挑战？

“十三五”时期我国经济发展表现出速度变化、结构优化、动力转化三大特点，环境保护处于既大有作为又负重前行的关键期，也是实现环境质量总体改善的攻坚期，机遇与挑战并存，动力与压力同在。

从机遇上看，主要有四个方面：

一是党中央、国务院高度重视解决生态环境问题。习近平总书记多次强调“绿水青山就是金山银山”“像保护眼睛一样保护生态环境，像对待生命一样对待生态环境”，形成一系列的重要论述，把发展观、执政观、自然观内在统一起来，融入到我们党的执政理念、发展理念中，成为全党的共同意志，为今后一个时期解决生态环境问题指明了前进方向，提供了强大动力。

二是经济转型升级可以促进污染物排放强度持续下降。现在正由过去规模的快速扩张转变成提高质量和效益，这个转变过程会带来污染物排放强度的持续降低。

三是全面深化改革与全面依法治国，为环境保护带来政策红利和法治红利。从全球来看，环境治理主要靠经济政策引导。但是宏观经济政策依赖于改革的环境，依赖于一个规范的市场机制，所以全面深化改革、全面依法治国，可以让经济政策和法治带来的红利得以释放，推动污染治理。

四是公众对环境保护的期待与需求持续提高。大家都希望有一个好的环境、清新的空气、干净的水。“APEC 蓝”“阅兵蓝”给大家带来了很强的幸福感。公众期待提高，有利于形成全社会保护环境的合力，会成为推动优质生态产品供给的重要动力，也是根本动力。

从挑战上看，主要有五个方面：

一是我国工业化、城镇化、农业现代化的任务尚未完成，生态环保面临压力巨大。在人类迄今为止 200 多年的现代化进程中，实现工业化的国家不超过 30 个、人口不超过 10 亿，主要是经济合作与发展组织（OECD）国家，而我国则是十几亿人口的现代化发展。要在发展中解决环境问题，有经济社会发展规律、自然规律的客观限制，难度巨大。

二是伴随着经济下行压力加大，发展与保护的矛盾更加突出。经济新常态下，工业化、城镇化进程减缓，一方面环境压力在减小；另一方面是在高基数上的放缓，污染物新增量依然处于高位，带来的环境压力仍然十分巨大。

三是进一步推进环境治理和质量改善，各项工作艰巨复杂。二次污染需要翻倍的投入才能解决，相比国际上一些国家，我国是在较低的收入水平解决更为复杂的环境问题，改善环境质量的边际成本在增加、边际效益在下降。

四是区域环境分化趋势显现，统筹协调的要求高范围广。我国经济社会发展不平衡，东部一些地区已进入工业化后期，环境质量出现好转态势，但中西部很大程度上仍在复制东部过去的发展模式，处于重工业集聚发展阶段。从项目环评审批的情况看，中西部有可能重复东部一些地区污染严重、生态受损的状况。西部生态环境敏感度高、监管能力弱，一旦出问题，将会是灾难性的。

五是随着综合国力的增强，国际社会特别是发达国家要求我国承担更多环境责任的压力日益加大。

总而言之，小康全面不全面，生态环境质量是关键。生态环境已成为全面建成小康社会的突出短板。扭转环境恶化趋势、改善环境质量是中央的明确要求和人民群众的热切期盼，需要我们付出极其艰苦的努力。

29. 如何认识和理解“十三五”规划纲要通篇贯穿绿色发展理念?

第十二届全国人民代表大会第四次会议审议批准了《国民经济和社会发展第十三个五年规划纲要》。这份共 20 篇、80 章、6 万 6 千多字的规划纲要，是面向全面建成小康社会的奋斗目标，举世瞩目、反响热烈、影响深远。

“十三五”规划纲要有很多亮点，其中最核心的就是以理念创新引领实践创新，用创新理念规划发展、引领发展、推动发展，自觉把创新、协调、绿色、开放、共享发展理念贯穿在规划纲要的全过程、各领域、各环节。特别是规划纲要把推动形成绿色生产生活方式、加快改善生态环境作为事关全面小康、事关发展全局的重大目标任务，进行了部署，充分体现了新时期我们党治国理政的新气象新境界新思路，是我国生态文明建设和环境保护走向深入的重要标志。

“十三五”规划纲要指出，坚持创新发展、协调发展、绿色发展、开放发展、共享发展，是关系我国发展全局的一场深刻变革。五大发展理念是具有内在联系的集合体，其中绿色发展作为五大发展理念之一，是永续发展的必要条件和人民对美好生活追求的重要体现，着重解决的是经济发展与环境保护协调、人与自然和谐的问题，与习近平总书记提出的“绿水青山就是金山银山”的“两山论”高度契合，从根本上更新了关于自然资源无价的传统认识，打破了简单把发展与保护对立起来的思维束缚。环境保护与经济发展是一体融合的，抓环境保护就是抓发展，就是抓可持续发展，只有真正抓环境保护、深入抓绿色发展，才最终能够实现可持续发展。

所以说，绿色发展既是把生态文明建设深刻融入经济、政治、文化、社会建设各方面和全过程的全新发展理念，也是实现发展和保护内在统一、相互促进和协调共赢的方法论；既是正确处理人与自然关系的必由之路，也是推进可持续发展的内生动力；既是立足我国发展大局和长远的必然抉择，也是对世界发展新趋向新潮流的深刻把握。将绿色发展理念贯穿经济社会发展的方方面面，体现了党中央、国务院用硬措施应对硬挑战、加快补齐生态环境短板、提高发展质量和效益的决心和信心。

规划纲要是一份绿色发展的规划纲要，处处体现绿色发展、生态文明建设和环境保护的要求，不但提出生态环境质量总体改善的奋斗目标，设专篇系统部署加快改善生态环境，而且在其他专篇中都有所涉及，注重推动建立资源消耗少、污染排放低的经济体系、市场激励机制和社会行为。

从领域看，绿色发展涉及经济社会发展的各方面和全过程，涉及各地方各部门各行业各阶层，不只是环保部门的事。以推进新型城镇化为例，规划纲要明确要求，要转变城市发展方式，加大“城市病”防治力度，不断提升城市环境质量；根据资源环境承载能力调节城市规模，实行绿色规划、设计、施工标准，实施生态廊道建设和生态系统修复工程，建设绿色城市；开展生态文明示范村镇建设行动和农村人居环境综合整治行动，建设田园牧歌、秀山丽水、和谐幸福的美丽宜居乡村。

从主体看，推动绿色发展不能靠政府唱独角戏，需要政府、企业、社会共同行动。在政府方面，规划纲要提出创新和完善宏观调控，更加注重保护环境；切实落实地方政府环境责任，开展环保督察巡视。在企业方面，提出实施工业污染源全面达标排放计划；建立企业环境信用记录和违法排污黑名单制度、强化企业污染物排放自行监测和环境信息公开。在公众方面，提出支持绿色消费，鼓励绿色出行，开展绿色新生活行动，实施全民节能、节水行动计划，畅通公众参与渠道。

从机制看，良好的体制机制是绿色发展的强大动力和保障，重中之重是在体制机制上更好地解决发展和保护的矛盾。比如，规划纲要在构建发展新体制方面，提出保护自然资源资产所有者权益，公平分享自然资源资产收益；建立健全生态环境性权益交易制度和平台；完善居民阶梯电价，全面推动居民阶梯水价、气价。在推动区域协调发展方面，提出建立健全生态保护补偿、资源开发补偿等区际利益平衡机制。在改革环境治理基础制度方面，提出建立环境质量目标责任制和评价考核机制；实行省以下环保机构监测监察执法垂直管理制度，推行全流域、跨区域联防联控和城乡协同治理模式；建立覆盖所有固定源的企业排放许可制；实行领导干部环境保护责任离任审计。在健全生态安全保障机制方面，提出加快建立多元化生态补偿机制，完善财政支持与生态保护成效挂钩机制；建立健全生态环境损害评估和赔偿制度，落实损害责任终身追究制度。

从支撑看，绿色发展必须坚持创新驱动，构建科技含量高、资源消耗低、环境污染少的产业结构和生产方式，大幅提高经济绿色化程度。比如，规划纲要在实施创新驱动发展方面提出，围绕环境治理等领域的瓶颈制约，制订系统性技术解决方案，把煤炭清洁高效利用、智能电网、京津冀环境综合治理作为科技创新2030重大项目。在优化现代产业体系方面提出，加快构建创新能力强、品质服务优、协作紧密、环境友好的现代产业新体系；促进制造业朝高端、智能、绿色、服务方向发展，实施绿色制造工程、推进产品全生命周期绿色管理，构建绿色制造体系；大力推进高效节能环保等新兴前沿领域创新和产业化，形成一批新增长点。这些举措，将从根本上降低污染物的排放强度和总量，提升污染治理的能力和水平。

30.“十三五”规划纲要提出的经济社会发展主要目标中，涉及生态环境保护的主要有哪些？

规划纲要将生态环境保护作为供给侧结构性改革的方向指引和重要内容，提出“着力推进供给侧结构性改革，使供给能力满足广大人民日益增长、不断升级和个性化的物质文化和生态环境需要”。生态环境需要首次与物质文化需要并列，成为人民群众同等重要的基本需求。

按照全面建成小康社会新的目标要求，“十三五”规划纲要提出今后五年经济社会发展的主要目标，其中核心的一条就是“生态环境质量总体改善”，而且把它单列一项，明确今后五年要实现生产方式和生活方式绿色、低碳水平上升；能源资源开发利用效率大幅提高，能源和水资源消耗、建设用地、碳排放总量得到有效控制，主要污染物排放总量大幅减少；主体功能区布局和生态安全屏障基本形成。

在“十三五”时期经济社会发展主要指标中，资源环境指标有10项之多，并且全部为约束性指标，占所有约束性指标（13项）的77%，占“十三五”规划纲要所有指标（25项）的40%，可称为分量大、任务重、要求高、约束强。比如，在环保约束性指标中，首次提出与公众感受息息相关的空气质量指标和地表水质量指标，即到2020年，全国地级及以上城市空气质量优良天数比率超过80%，$PM_{2.5}$未达标的地级及以上城市浓度下降18%；全国地表水国控断面达到或好于Ⅲ类水体比例大于70%，劣Ⅴ类水体比例小于5%。这充分表明了党中央、国务院加强生态环境保护的鲜明态度、坚定意志和坚强决心。

31.“十三五”时期环保工作总体思路是什么？

“十三五”蓝图已经绘就，下一步就是要真抓实干，把规划纲要确定的一系列部署落到实处。环保部门将紧紧围绕“五位一体”总体布局和“四个全面”战略布局，牢固树立和贯彻落实创新、协调、绿色、开放、共享新发展理念，以提高环境质量为核心，以生态文明体制改革为动力，实行最严格的环境保护制度，打好大气、水、土壤污染防治三大战役，推进主要污染物减排，严密防控环境风险，不断提高环境管理系统化、科学化、法治化、精细化和信息化水平，加快推进生态环境治理体系和治理能力现代化，确保2020年生态环境质量总体改善。

概括来讲，“十三五”环保工作思路主要体现在一个核心、一个制度、三大战役、实现管理“五化”、抓好五大任务，即紧紧抓住提高环境质量这个核心，实行最严格的环境保护制度，突出重点打好三大战役，提高环境管理“五化”水平，推动落实五个方面的重大任务。

（1）一个核心

一个核心是以提高环境质量为核心。由总量控制转为环境质量改善是党中央的重大决策部署和调整。环境质量改善是生态环境保护的根本目标，也是评判环境保护工作的最终标尺。“十三五”将把以改善环境质量为核心贯穿到环境保护工作的各个方面，硬碰硬、实打实，抓出一批实实在在的环境治理成果，让人民群众看得见、摸得着、能受益，真切感受到环境质量的改善，增强获得感和幸福感。

（2）一个制度

一个制度是实行最严格的环境保护制度。这是继最严格的耕地保护制度、最严格的水资源保护制度之后，中央提出的第三个最严格的制度。“最严格”体现了从源头、全过程和生产、流通、消费各环节来加强环境保护的新思路。保护环境的治本之策是源头严防，关键所在是过程严管，根本保障是后果严惩。实行最严格的环境保护制度，就是要建立系统规范的激励约束机制，强化政策落地落实，好使管用，形成政府、企业、公众共治的环境治理体系。

（3）提高环境管理“五化”水平

要适应从粗放式增长走向追求质量和效益的发展，环境管理也要相应做出积极的调整，需要向系统化、科学化、法治化、精细化、信息化“五化”的转变。系统化，就是要按照习近平总书记“山水林田湖是一个生命共同体”的系统观，遵循生态系统的整体性、系统性及其内在规律，进行整体保护、系统修复、综合治理。科学化，着重解决的是环境治理措施的针对性和有效性问题。环境治理不能搞大水漫灌，不搞短期行为，这样做成本高，效果还不好。要遵循科学的方法，懂得为什么治、治什么、怎么治。法治化，就是用法律法规来约束政府、约束部门、约束企业，树立环保法律的权威和震慑力，做到依法保护、依法治污、违法严惩，通过法治化更好地释放和发挥经济政策的作用。精细化，就是改变过去的粗放管理方式，分类别分层次制定更加精细的措施，做到责任到企到人，提高环境管理的效率。信息化，就是应用人工智能、大数据、“互联网 +”等技术，为环境保护提供基础支撑，提高管理水平，促进管理转型。

按照上述总体思路，“十三五”将把绿色发展理念贯穿到环保工作的始终，强化地方党委政府的环境质量改善责任，注重硬约束和充分运用引导激励机制，着力推进环保重点工作。

32.“十三五”时期环保总体目标是什么？

“十三五”时期我国环保总体目标是：生态环境质量总体改善，主要污染物排放总量大幅减少，环境风险得到有效管控，生物多样性丧失速度得到基本控制，生态系统稳定性持续增强，绿色生产和绿色生活水平明显提升，生态环境治理体系与治理能力现代化取得重大进展，生态文明建设水平与全面建成小康社会相适应。

在环境质量指标方面，将地级及以上城市细颗粒物（$PM_{2.5}$）浓度下降比例、地级及以上城市空气质量优良天数比例、重点地区重污染天数减少、全国地表水好于Ⅲ类水体比例、全国地表水劣Ⅴ类水体比例等作为主要指标。

目前 $PM_{2.5}$ 社会认知度高，是全国大部分地区空气的首要污染物，更是全国老百姓关注的首要空气质量问题。全国地表水劣Ⅴ类水体比例下降、重点地区重污染天数减少，是公众关切、需下大力气解决的环境突出问题；地级及以上城市空气质量优良天数比例增加、全国地表水好于Ⅲ类水体比例提升，是公众对良好环境质量的期待。

在主要污染物排放指标方面，将挥发性有机物（VOCs）纳入总量控制范围。VOCs 是形成 $PM_{2.5}$ 和 O_3（臭氧）的关键前体物，是灰霾和光化学烟雾污染的重要来源。目前我国人为源 VOCs 排放量大且呈快速增长态势，分别为美国的 2 倍和欧盟的 3 倍。国际经验表明，控制 VOCs 排放是减少灰霾和光化学烟雾污染的有效措施。环境保护部已出台 VOCs 的系列标准、监测技术规范、分析方法等，为“十三五”VOCs 减排的监督考核奠定了基础。

在环境风险方面，重点重金属污染物排放强度下降，突发环境事件数量下降。在生态保护方面，重点生态功能区所属县域生态状况持续提升。

“十三五”规划纲要、“十三五”生态环保规划以及《大气十条》《水十条》《土十条》都有相应的目标任务，当务之急是把目标和任务分解下去，让地方“跳起来摘桃子”，把压力和责任层层传导下去，横向到边、纵向到底，核心是各级地方政府切实扛起生态环境保护责任，一级一级抓落实、一级一级抓考核。目标任务要坚持改善环境质量这个核心和根本，着重明确省、市、县生态环境质量要求。强化质量目标导向，完善以改善环境质量为核心的目标及考核评价体系，将环境质量指标作为对地方党委政府的硬约束，严格考核问责。

33. 制定“十三五”时期环境质量指标综合考虑哪些因素？

确定具体环境指标是谋划“十三五”时期环保工作中需要解决的主要问题。“十三五”的目标是全面建成小康社会，实现小康社会有一些短板，其中一个突出的短板就是生态环境问题，所以“十三五”规划中明确提出今后5年要实现环境质量的总体改善，这是在经过详细测算和全面分析的基础上提出的目标。这个目标不能那么轻易地达到，要跳一跳，要付出很大的努力，才能够达到，但是又不能操之过急，又有可达性，是一项非常复杂的工作。

这些指标包含两大领域：一是环境质量。质量与老百姓的感觉直接相关。不论是水还是大气，都提出了明确的环境质量要求。二是总量的要求。二氧化硫、氮氧化物、化学需氧量、氨氮等指标都有总量的要求，它不是和环境质量直接挂钩的，但是对改善环境质量有非常重要的推动作用。

发达国家的经验表明，环境保护与经济发展之间存在“倒U型”关系，环境质量改善是一个伴随着经济结构调整和治理水平提高而逐步实现的过程。相比国际上一些国家，我国是在较低的收入水平和以煤炭为主的能源结构下解决更为复杂的环境问题。美国提出控制$PM_{2.5}$时的1996年，人均GDP达到2.8万美元，煤炭、工业能耗占比仅为20%、7%左右；而我国2011年提出控制$PM_{2.5}$时的人均GDP为5 400美元，能源消费中煤炭占68.4%，工业能耗占70%左右，能源和经济发展阶段差距较大，治理的复杂性和难度更大。

与发达国家经济发展水平类似的“历史同期”相比，我国目前环境质量差距很大。2020年我国人均GDP预计将达到1.1万～1.2万美元（以2010年为基期），以此指标衡量，我国2020年经济发展情境大致相当于美国1975—1980年、日本1978—1985年、欧盟1979—1986年的“历史同期”水平，滞后欧美发达国家35～40年。

在大气环境质量方面，2015年我国338个城市PM_{10}浓度平均为87微克/米^3，$PM_{2.5}$平均为50微克/米^3，“历史同期”发达国家PM_{10}平均约为44微克/米^3，$PM_{2.5}$平均浓度18～25微克/米^3。我们要在2020年达到发达国家“历史同期”平均水平，需降低50%左右，难度极大。在水环境质量方面，“历史同期”OECD主要国家水质相当于Ⅰ～Ⅲ类河流比例与我国基本相当甚至略低，但劣Ⅴ类河流比例明显低于我国，甚至没有劣Ⅴ类水体。而我国除了劣Ⅴ类河流外，还有约55%的城市黑臭水体。

根据以上对比研究，确定“十三五”环境质量指标需要考虑三方面因素：

一是综合考虑公众环境质量诉求、环境指标可行可达、经济社会可承受等因素，以及我国人口高密度、产业高强度、能源结构不合理等客观情况，既要积极作为，又不能操之过急。

二是重视后发优势与制度优势，注重运用解决阶段性环境问题的规律。我国不少地区已经达到比较高的经济发展水平，可能实现与发达国家“历史同期”相当的环境质量指标。同时，兼顾区域差异，采取针对性措施加强中西部等地区环保工作，精准提升重点区域、重点城市差异化的环境质量目标。

三是以民生改善为导向，增加与公众感受息息相关的环境质量指标。从“好”、“差”两头着力，着力解决人民群众反映强烈的突出环境问题，保障公众享有基本安全的环境质量服务。

34. 实现“十三五”时期环保目标需重点做好哪几方面工作?

为了实现“十三五”时期环保目标，推动落实重大任务，需要重点谋划和做好以下六个方面的工作。

（1）以改善环境质量为核心，深入实施大气、水、土壤污染防治三大行动计划

将三大行动计划的路线图落实为各地的施工图，推动环境质量持续改善。通过三大战役，带动加快污染治理、改善环境质量、强化政府责任。同时，完善总量控制制度，推行区域性、行业性总量控制，鼓励地方实施特征性污染物总量控制，改进减排核查

核算方式方法，使总量控制更好地服务于质量改善。

（2）以改革环境治理基础制度为动力，加快构建绿色发展的内生机制

开展环保督察，落实生态环保“党政同责”。实行省以下环保机构监测监察执法垂直管理制度。建立全国统一的实时在线环境监控系统。建立覆盖所有固定污染源的企业排放许可制。健全生态环境保护市场体系。健全环境信息公开制度，保障公众环境知情权、参与权、监督权和表达权。

（3）以建立健全环境预防体系为抓手，切实优化生态文明建设的空间格局

完成全国生态保护红线划定，优化发展的空间布局。编制实施环境功能区划，明确生产、生活、生态空间的环境功能定位与环境政策。通过把禁止开发、限制开发与划定生态保护红线结合起来，把重点开发与控制行业污染物排放总量结合起来，把优化开发与提升行业生产效率标准结合起来，建立更优化的国土空间格局。强化战略和规划环评刚性约束，切实对区域重大生产力布局发挥指导和规范作用。

（4）以法治和标准为牵引，积极推进供给侧结构性改革

推进环境保护相关法律法规的制修订，严格环境执法监管，探索环境行政执法与刑事司法有效衔接模式，完善环境公益诉讼机制，推动建立系统完备、高效有力的环境法治体系。抓紧环境标准建设，完善标准体系。通过严格环境执法和强化标准引导，有效推动供给侧改革，提供更多优质生态产品。

（5）以生态环境安全为底线，加大环境风险防控力度

构建全过程、多层级环境风险防范体系，强化重污染天气、饮用水污染、有毒有害气体释放等关系公众健康的重点领域风险预警与防控，妥善处置突发环境事件。提高核设施安全水平，推进放射性污染防治，强化监管，确保核与辐射安全。加强化学品和危险废物环境管理，继续推进重点区域、重点行业、重点企业重金属污染防治。加强生态风险预警监控，严格外来物种引入管理。

（6）以社会多元共治为路径，大力推进生产生活方式绿色化

推动环保科技创新，加强污染治理、生态修复等绿色技术的研发应用。以资源集约利用和环境友好为导向，采用先进适用节能低碳环保技术改造提升传统产业，加快发展环保产业，推动建立绿色低碳循环发展产业体系。推进绿色消费革命，引导公众向勤俭节约、绿色低碳、文明健康的生活方式转变。完善生产者责任延伸制度，推进绿色供应链环境管理。

35. “十三五”规划纲要提出了哪些生态环境保护任务和举措？

“十三五”规划纲要提出一系列生态环境保护任务举措，从加快建设主体功能区、推进资源节约集约利用、加大环境综合治理力度、加强生态保护修复、积极应对全球气候变化、健全生态安全保障机制、发展绿色环保产业七个方面进行安排部署。主要特点和要求如下：

（1）突出源头预防

预防是最经济有效的解决环境问题的办法。首先是建设主体功能区，这是绿色发展的空间战略，核心是构建科学合理的国土空间开发格局，使各类开发建设活动在宏观布局上得到规制。同时，对不同的区域建立由空间规划、用途管制、差异化绩效考核等构成的空间治理体系。

规划纲要还在部署推进京津冀协调发展和长江经济带发展两大发展战略中特别突出环境保护。将“扩大环境容量和生态空间”作为京津冀协调发展的重要内容，要求构建区域生态环境监测网络、预警体系和协调联动机制，加强大气污染联防联控，加强饮用水水源地保护、划定生态保护红线。在“推进长江经济带发展”部署中按照习近平总书记提出的“共抓大保护，不搞大开发”的要求，把修复长江生态环境放在压倒性位置，推进全流域水资源保护和水污染治理，建设成为我国生态文明建设的先行示范带、创新驱动带、协调发展带。

（2）突出节约与保护协同

规划纲要提出要树立节约集约循环利用的资源观，推动资源利用方式根本转变，加强全过程节约管理，大幅提高资源利用综合效益，并对用水、用能、用地等都提出了具体强度和总量双控指标。

（3）突出环境治理

规划纲要明确了今后 5 年大气、水、土壤污染防治的目标任务。要求严格落实约束性指标，制定城市空气质量达标计划，地级及以上城市重污染天数减少 25%；严格保护良好水体和饮用水水源，加强水质较差湖泊综合治理与改善，主要江河湖泊水功能区水质达标率达到 80% 以上；实施土壤污染分类分级防治；大力推进污染物达标排放和总量减排；加强环境基础设施建设，城市、县城污水集中处理率分别达到 95% 和 85%。

（4）突出系统保护

规划纲要提出坚持保护优先、自然恢复为主，推进自然生态系统保护与修复，全面提升各类自然生态系统稳定性和生态服务功能，筑牢生态安全屏障。要求全面提升生态系统功能，推进重点区域生态修复，扩大生态产品有效供给，维护生物多样性。

（5）突出制度建设

规划纲要提出，加强生态文明制度建设，完善生态环境保护制度，划定并严守生态保护红线，建立森林、草原、湿地总量管理制度，建立绿色税收体系，研究建立生态价值评估制度，探索编制自然资源资产负债表。当前，我国多年累积的环境风险开始逐步释放，进入环境高风险期。必须筑牢生态环境风险防控的屏障，实施环境风险全过程管理，减少环境风险隐患，妥善处置突发环境事件。

（6）突出重大工程支撑

规划纲要提出工业污染源全面达标排放、大气环境治理、水环境治理、土壤环境治理、危险废物污染防治、核与辐射安全保障能力提升六项环境治理保护重点工程，以及国家生态安全屏障保护修复、国土绿化行动、国土综合整治、天然林保护、新一轮退耕退牧还林还草、防沙治沙和水土流失综合治理、湿地保护与恢复、濒危野生动植物抢救性保护八项山水林田湖重点生态工程。

这些重大工程保质保量按时完成，将为实现生态环境质量改善提供强大基础，同时也为子孙后代留下持续发展的“绿色银行”。

36. 为确保“十三五”时期环境质量总体改善将采取哪些措施?

为确保环境质量总体改善，“十三五”时期，将围绕“五位一体”总体布局和“四个全面”战略布局，牢固树立和贯彻落实创新、协调、绿色、开放、共享的新发展理念，以改善环境质量为核心，以解决生态环境领域突出问题为重点，以生态文明体制改革为动力，实行最严格的环境保护制度，打好大气、水、土壤污染防治三大战役，推进主要污染物减排，严密防控环境风险，不断提高环境管理系统化、科学化、法治化、精细化和信息化水平，实现环境质量总体改善。重点采取以下七大措施：

（1）坚决打好“三大战役”

持续实施《大气十条》。在重点区域实行大气污染联防联控。落实冬季大气污染防治强化措施，加强重污染天气应对，突出抓好京津冀特别是北京等重点区域大气治理。

全面落实《水十条》。出台考核实施细则等配套政策措施。加强流域水环境综合治理。建立水环境质量预警制度，对各地水环境质量状况进行排名。定期公布黑臭水体整治情况。

全面实施《土十条》。启动全国土壤污染状况详查，以农用地和建设用地为重点，实行分级分类管控。健全土壤污染防治相关标准和技术规范，推进治理与修复试点示范。

（2）深入推进各项改革

全面开展环境保护督察。加快环境监测全面设点和全国联网。推进国家环境质量监测事权上收。开展省以下环保机构监测监察执法垂直管理、按流域设置环境监管和行政执法机构试点。改革和完善主要污染物总量减排制度。完善污染物排放许可制。通过政府购买服务等方式，加大对环境污染第三方治理的支持力度。

（3）加强环境法治保障

配合做好水污染防治法、环境保护税法、土壤污染防治法、核安全法、草原法、野生动物保护法等法律制（修）订。严格执行环境保护法、大气污染防治法，坚持“督政”与“查企”并举、“严打违法”与“规范执法”并重，提高环境执法效能。

（4）健全环境预防体系

划定并严守生态保护红线。实施能耗、水耗总量和强度双控，研究建立资源环境承载能力监测预警机制。继续开展京津冀、长三角、珠三角等区域战略环评，加强重点领域规划环评，开展重点产业园区规划环评“负面清单管理”试点。运用环保等多种手段，严格控制新增产能，有序退出过剩产能。

（5）加大生态和农村环境保护力度

健全生态保护补偿机制，在重点生态功能区实行产业准入负面清单制度。对各类破坏生态环境的违法行为扭住不放、一抓到底，指导督促地方对生态环境领域存在的突出问题彻底整改。深入推进农村环境连片整治，加强农村面源污染治理和秸秆综合利用，着力改善农村人居环境。

（6）夯实环境科技基础，发展绿色环保产业

完善环境标准和技术政策体系，扩大绿色环保标准覆盖面。完善环保产业发展扶持政策，加快推广新技术、新装备、新产品，加大建筑节能改造力度，加快传统制造业绿色改造。

（7）有效防控环境风险

强化重污染天气、饮用水污染、有毒有害气体释放等关系公众健康的重点领域风险预警与管控。加强化学物质和危险废物环境管理，强化尾矿库环境风险管理。严格核与辐射安全监管。督促存在重大环境风险企业开展隐患排查治理，健全生态环境事件应急网络，做好突发环境事件处置应对。

37.“十三五”时期如何打好大气、水、土壤污染防治三大战役?

党中央、国务院对大气、水、土壤污染防治，都有非常明确的部署。环境保护部将会按照中央部署安排，以改善环境质量为核心，深入实施大气、水、土壤污染防治三大行动计划，坚决打好大气、水、土壤污染防治三大战役。

（1）深入落实《水十条》

加强重点领域水污染治理，完善相关政策体系，全面完成《水十条》目标任务。狠抓饮用水安全保障，督促指导各地实施从水源到水龙头全过程监管，全面公开饮水安全相关信息。做好良好水体的保护，从规划、资金、管理等方面着手，确保“好水”不能变差。下力气治理“差水”，督促地方政府逐步解决城市黑臭水体等问题。

（2）全面实施《土十条》

目前《土十条》已发布并组织实施，加强土壤环境监测监管，实施农用地分级管理和建设用地分类管理，开展土壤污染治理与修复。重点是夯实两大基础，突出两大重点，推进三大任务和强化三大保障。两大基础是开展土壤污染状况详查、摸清家底，建立健全法规标准体系。两大重点是对农用地、建设用地提出管控要求。三大任务是分别对未污染的、正在污染的、已污染的土壤提出防治和风险管控措施。三大保障是加大科技研发力度、发挥政府主导作用、强化目标考核。

（3）深入实施《大气十条》

做好《大气十条》与2017年后续工作衔接，持续推进产业结构和能源结构调整，推动重点行业综合整治。从推进产业结构调整和去产能、加强散煤和机动车治理、提高城市管理水平、加强区域联防联控、强化重污染天气应对等方面强化大气污染防治。落实冬季大气污染防治强化措施，加强重污染天气应对，突出抓好京津冀特别是北京等重点区域大气治理。

（4）其他方面

在推进产业结构调整和去产能方面，今后几年将结合落实中央“去产能”目标任务，运用环保等多种手段，严格控制新增产能，有序退出过剩产能。在京津冀地区，主要是去除钢铁、燃煤、水泥等重化工业产能，提高产业清洁生产和绿色化水平。

在加强散煤和机动车治理方面，将主要通过集中供热替代、煤改气、煤改电以及使用太阳能等清洁能源替代散煤。把黄标车和重型柴油车等高污染车辆作为防控重点。一方面，加速黄标车和老旧车的淘汰；另一方面，加强新生产车辆环保监管，将重型柴油车作为重点，严肃查处一批典型违法企业。

在提高城市环境管理水平方面，将强化对市政工程、建筑工地、道路施工、工业堆场等扬尘管控措施，进一步加强对渣土运输车辆、露天烧烤、餐饮油烟的管理，控制好面源污染。聚焦“工业大院”，打掉一批违法排污和不能限期达标排放的企业。

在加强区域联防联控方面，将不断深化重点区域联防联控，统一规划、统一标准、统一监测，力争用三个五年左右时间推进珠三角、长三角、京津冀区域空气质量依次达标。

在强化重污染天气应对方面，将着力指导地方提高应对重污染天气的能力。包括根据预测的情况及时预警、按高级别预警执行，并提醒公众做好健康防护；推动重点区域统一重污染天气的预警分级标准，细化响应流程；进一步提高应急措施的操作性和有效性，指导地方加强应对。

通过三大战役，带动加快污染治理、改善环境质量、强化政府责任。同时，完善总量控制制度，推行区域性、行业性总量控制，鼓励地方实施特征性污染物总量控制，改进减排核查核算方式方法，使总量控制更好地服务于质量改善。

38.“十三五”时期需要重点深化落实哪些改革举措？

环保的改革任务十分繁重，要用改革来解决在应对环境问题过程中所遇到的一些困难，破解体制机制上的障碍。以改革环境治理基础制度为动力，加快构建绿色发展的内生机制。

（1）开展中央环保督察，落实生态环保“党政同责”

2016 年年初，中央环保督察机制正式启动，首轮选择河北省进行试点。目前对河北省的督察试点已顺利完成。2016 年将对 15 个左右省（区、市）开展督察，计划两年内完成一轮对省级党委、政府及其部门的环保督察巡视，实现全国各省（区、市）全覆盖。对于环境问题突出的地区，还将报请国务院同意后开展专项督察。同时，环境保护部要求各省（区、市）环保部门 2016 年对 30% 以上的市级政府开展综合督察，强化环保督政。到 2020 年，各省（区、市）完成一轮对市县党委、政府及其部门的环保综合督察。

（2）实行省以下环保机构监测监察执法垂直管理制度

实行省以下环保机构监测监察执法垂直管理制度，是党中央在生态环保领域做出的一项重大决策，是对我国环保管理体制的一次重大改革，有利于增强环境监管的统一性、权威性、有效性，可以从体制机制上解决一些地方轻环保、干预环保监测监察执法，有法不依、执法不严、违法不究等问题。2016 年将开展以省为单位的地方垂直管理试点，在 2018 年政府换届前基本完成此项改革，为“十三五”工作留下空间和时间。

（3）监测事权上收，建立全国统一的实时在线环境监控系统

到 2018 年，将全面完成国家环境监测站点及国控断面上收工作。到 2020 年，基本实现环境质量、重点污染源、生态状况监测全覆盖，各级各类监测数据系统互联共享，监测与监管协同联动，做到全面设点、全国联网、自动预警、依法追责。

（4）建立覆盖所有固定污染源的企业排放许可制

目前正在浙江、江苏两省开展试点，2016 年将在污染物排放量较大、管理基础较好的火电、造纸两个行业和京津冀地区推行。2017 年年底前，建立管理制度框架和管理平台，对国控重点污染源率先完成排污许可证核发。到 2020 年，完成全国固定工业源核发。

（5）推动环保产业发展

将结合供给侧结构性改革，推进 PPP、政府购买服务、第三方治理等方式，大力推动绿色节能环保产业发展，让节能环保产业成为稳增长、调结构、惠民生的战略性新兴产业，成为我国经济发展新旧动能转换中的新动能。支持设立各类绿色发展基金，撬动和引导社会资本进入环保领域。

39. “十三五”时期如何强化环境法治保障？

“十三五”时期，将持续加大执法力度，通过 5 年时间初步形成守法新常态。2016 年继续开展新《环境保护法》实施年活动，全面落实新《大气污染防治法》，坚持“督政”与“督企”并举、“严打违法”与“规范执法”并重，提高环境执法效能。以打击恶意违法排污和造假行为为重点，保持严厉打击环境违法行为的高压态势。依法实施工业污染源全面达标排放计划，对排污企业全面实行在线监测。加强执法机构规范化建设和执法稽查，提升执法水平。配合做好水污染防治法、环境保护税法、土壤污染防治法、核安全法、草原法、野生动物保护法等法律制（修）订。

40.“十三五”时期将采取哪些措施推进全社会共治?

良好的生态环境为全社会共同享有，生态文明建设需要全社会的共同努力。环境问题属于公共利益范畴，每一个公民既是污染的制造者，也是受害者；既是良好生态环境的享有者，也是保护者。唯有“共治”才能“共享”。每个人的身体力行，看似微不足道，却可以汇成保护环境的巨大能量。

（1）推动公众转变观念，养成生态自觉

从改变自己的价值理念和行为入手，积极培育生态文化、生态道德，大力开展绿色、生态和环保教育，着力养成生态自觉，使生态文明成为每一个人的主流价值观，形成爱护自然光荣、勤俭节约光荣、绿色低碳光荣的社会氛围，使每个人都感受到绿色生活方式带来的快乐和幸福。

绿色消费革命，是连接环保理念与具体行动的最佳结合点。大力倡导环境友好型消费，推广绿色服装、引导绿色饮食、鼓励绿色居住、普及绿色出行、发展绿色休闲。绿色消费革命可以倒逼生产方式转变，推动消费端和需求侧的转变，促进传统产业的绿色化改造。完善生产者责任延伸制度，结合“互联网 +”行动计划实施，推进绿色包装、绿色采购、绿色物流、绿色回收，大幅减少生产和流通中的能源资源消耗和污染物排放。

（2）广泛开展宣传教育

发布《全国环境宣传教育工作纲要》。健全例行新闻发布制度，完善重大信息发布与政策解读联动机制。围绕舆论普遍关注的热

“同呼吸、共奋斗”公民行为准则

根据国务院印发的《大气污染防治行动计划》，为树立全社会“同呼吸、共奋斗”的行为准则，动员全民参与环境保护和监督大气污染防治，自觉做到“同呼吸、共奋斗”，携手共建天蓝、地绿、水净的美丽家园，环境保护部编制了“同呼吸、共奋斗”公民行为准则。

第一条　关注空气质量。遵守大气污染防治法律法规，参与和监督大气环境保护工作，了解政府发布的环境空气质量信息。

第二条　做好健康防护。重污染天气情况下，响应各级人民政府启动的应急预案，采取健康防护措施。

第三条　减少烟尘排放。不随意焚烧垃圾秸秆，不燃用散煤，少放烟花爆竹，抵制露天烧烤。

第四条　坚持低碳出行。公交优先，尽量合作乘车、步行或骑自行车，不驾驶、乘坐尾气排放不达标车辆。

第五条　选择绿色消费。优先购买绿色产品，不使用污染重、能耗大、过度包装产品。厉行节约，节俭消费，循环利用物品，参与垃圾分类。

第六条　养成节电习惯。适度使用空调，控制冬季室温，夏季室温不低于 26 度；及时关闭电器电源，减少待机耗电。

第七条　举报污染行为。发现污染大气及破坏生态环境的行为，拨打 12369 热线电话进行举报。

第八条　共建美丽中国。学习环保知识，提高环境意识，参加绿色公益活动，共建天蓝、地绿、水净的美好家园。

点问题积极应对，主动发声、及时发声、正确发声，增强敏感性，提高亲和力，做好正面引导、解疑释惑，说清楚、说明白、说透彻。多方式、多途径宣传环保政策举措，动员公众践行“同呼吸共奋斗”公民行为准则。落实《环境保护公众参与办法》，修订《环境影响评价公众参与办法》。充分利用环保微信举报平台，让每一部手机都成为移动监控点，让每一名公众都成为环保监督员。

（3）保障公众的知情权、参与权和监督权

全面推进大气、水等环境信息公开、排污单位环境信息公开、环境执法信息公开，通过政务微博、报刊、手机报和新闻发布会、媒体通气会等便于公众知晓的方式发布信息。健全建设项目环境影响评价信息公开机制。建设国家污染源数据库，建立健全环境保护网络举报平台和制度，构建国家统管、四级联网、面向公众、社会公开的信息平台，把政府和企业同时放在阳光下，接受公众的监督和考评，让每个人都成为保护环境的参与者、建设者、监督者。

“12369”环保举报热线和微信举报平台已经开通。通过手机的无线通信、GPS 定位、拍照、录像等功能，就可以快捷地完成污染问题的取证举报。希望更多人都能加入进来，让“12369”的公众朋友圈越来越大、力量越来越强。让每一部手机都成为一个移动监控点，每一名公众都是一位环保监督员，一起为我国的生态环保事业贡献智慧和力量。

继续加大对公众参与工作的推动力度，动员公众积极践行低碳、环保、绿色的生活方式。

41. “十三五”如何解决突出的农村环境问题？

“十三五”规划纲要提出，开展生态文明示范村镇建设行动和农村人居环境综合整治行动，建设田园牧歌、秀山丽水、和谐幸福的美丽宜居乡村。农业是最大的生态系统，同时农业和农村又是重要的污染来源，所以具有两面性。农村环境搞好了，农民群众是直接的受益者，城市的老百姓也是受益者，城市居民的米袋子、菜篮子、水缸子也有了可靠的保障。生态环境是全面建成小康社会的突出短板，其中农村环保又是当前环保工作的弱项和难点。

农村环境问题有几个突出表现：一是随着城市和工业污染源的治理，农村污染源的比例在上升，一些污染物排放量接近“半壁江山”。二是目前全国开展环境整治的村庄比例太低，大概只有13%，所以农村的“脏、乱、差”问题仍然普遍。三是农村面临城市和工业污染转移的现实问题。四是农村的整体生态环境退化问题还没有从根本上遏制，需要做出更大的努力。

“十三五”期间，环保部门仍然把农村环保作为工作重点，将其放在整个国家环境治理工作更加突出的位置，特别是结合《大气十条》《水十条》和《土十条》实施工作，加大农村环境治理力度，推进城乡环境保护基本公共服务均等化。

继续深化“以奖促治”政策的实施，开展新一轮农村环境综合整治。“十三五”规划纲要也有明确的要求，要对13万个村庄进行农村环境整治，进一步改善农村的人居环境。

创新农村环境保护机制。建立目标责任制，把地方政府农村环境保护的责任落到实处。同时，进一步发挥中央农村节能减排资金的“种子”资金作用，整合各种相关资金，推动农村环境整治和农村发展，比如水利设施建设、农民住房条件改善等。

切实保护农民利益，加大农村环境执法监管力度。着力解决工业和城市污染向农村转移的问题，解决污染上山下乡的问题，切实维护农民群众的生态环境权益，避免出现乡村成为“公地悲剧”状况，依法严肃查处各种损害农民利益的环境违法行为。

42.“十三五”时期如何推进核与辐射监管体系和监管能力现代化建设？

核安全是国家安全的重要组成部分，是环境保护的重要领域，党中央、国务院历来高度重视，习近平总书记等中央领导同志作出一系列重要指示批示和要求，为进一步做好核与辐射安全工作提供了基本遵循和方向。

当前，我国核能与核技术利用事业处于快速发展期，核电安全监管任务日趋繁重，核技术利用安全监管压力持续加大，老旧核设施和历史遗留风险依然存在。必须坚持底线思维，保持清醒头脑，一方面做好源头防范，提高安全保障能力和可靠性，尽一切可能降低事故发生概率；另一方面加强应急能力建设，提出切实可行的应对措施，避免经济社会发展和人民群众健康受到影响。

“十三五”时期是全面建成小康社会的决胜阶段，是实现环境质量总体改善的攻坚期，也是实现我国由核能、核技术利用大国向核与辐射安全监管强国转型的关键时期。确保核与辐射安全，是党和国家对人民的庄严承诺，是严守环境质量底线的内在要求，也是保障国家安全的底线工程。要紧紧围绕“五位一体”总体布局和“四个全面”战略布局，以中国核安全观为统领，大力推进核与辐射安全监管体系和监管能力现代化。

推进监管体系和监管能力现代化是新时期做好核与辐射安全工作的必然要求和重要保障，要着力从以下四个方面推进：

一要突出依法从严监管，强化核与辐射安全监管法治保障。要完善法规标准体系，推动《核安全法》立法，积极开展地方核与辐射安全立法，优化监督机制，加大核与辐射安全执法力度。

二要加强机构队伍建设，形成核与辐射安全监管中坚力量。强化监管一线的监督检查人员队伍建设，加强对地方部门的业务指导和督察巡视，优化选人用人制度和奖励激励制度。

三要提高专业技术能力，夯实核与辐射安全监管基础支撑。尽快建成国家核与辐射安全监管技术研发基地，积极借鉴国际先进经验，加强技术研发能力建设，完善全国辐射环境监测网络，加大生态环保大数据应用力度，全面提升核与辐射安全监管信息化水平。

四要强化核安全文化引领，推动核与辐射安全监管全民参与。加强监管队伍自身核安全文化建设，不断强化对核安全理念的认同感；提高公众在核设施选址、建造、运行和退役等过程中的参与程度，增强公众对核能与核技术利用安全的了解。

同时，核能与核技术利用事业处于快速发展期，对核与辐射安全监管工作提出的要求不断提高。核与辐射安全监管工作人员一方面要不断研究新问题，时刻保持谦虚谨慎、戒骄戒躁，事先想到、看到风险，认真做好核与辐射领域风险的预判、分析与防范，将风险保持在可控范围内；另一方面要继续抓好作风建设，防微杜渐、慎独慎初，严格防范廉政风险，切实守住核与辐射安全底线和反腐倡廉底线。

43.如何推动解决我国土壤污染问题？

良好的土壤质量是维护农产品安全和人民群众健康的重要保障，党中央、国务院对土壤污染问题高度重视，把治理土壤污染确定为向污染宣战的三大行动计划之一，目前，国务院已印发《土壤污染防治行动计划》。在 10 个省份启动土壤污染治理与修复试点示范项目。支持 38 个重金属重点防控区域开展综合防治示范。持续开展农产品产地土壤重金属污染普查，涉及 16.23 亿亩。

从土壤污染状况调查结果来看，我国部分地区土壤污染比较严重，主要是工矿废弃地的污染十分突出。从调查点位情况来看，全国土壤总的点位超标率为 16.1%，但主要是轻微污染和轻度污染，重度污染点位占 1.1%。不过，需要明确的是，调查点位不代表全国的土壤污染状况，这是两回事情。另外，长三角、珠三角、东北老工业基地等部分区域土壤污染问题较为突出，西南、中南地区土壤重金属超标范围较大。

下一步，环境保护部将联合有关部门，进一步开展土壤污染详查，摸清家底，做好污染源的管控。解决土壤污染问题，当前重点要做好四个方面的工作。

（1）建立相应的法律制度和标准体系。要让土壤污染治理做到有法可依、有规可循。

（2）加强工矿企业的环境监管。要切断土壤污染的源头，遏制土壤污染扩大的趋势。

（3）对污染的土地实行分级分类管理，做好污染的管控，避免这些污染扩散和扩大。

（4）通过试点示范，建立污染治理技术体系，逐步推动土壤污染的风险管控和治理修复。

44.《土壤污染防治行动计划》提出了哪些目标任务？

国务院于2016年5月31日印发《土壤污染防治行动计划》(以下简称《土十条》）。这是当前和今后一个时期全国土壤污染防治工作的行动纲领。

党中央、国务院高度重视土壤环境保护工作。《土十条》立足我国国情和发展阶段，着眼经济社会发展全局，以改善土壤环境质量为核心，以保障农产品质量和人居环境安全为出发点，坚持预防为主、保护优先、风险管控，突出重点区域、行业和污染物，实施分类别、分用途、分阶段治理，严控新增污染、逐步减少存量，形成政府主导、企业担责、公众参与、社会监督的土壤污染防治体系。

《土十条》提出，到2020年，全国土壤污染加重趋势得到初步遏制，土壤环境质量总体保持稳定，农用地和建设用地土壤环境安全得到基本保障，土壤环境风险得到基本管控。到 2030 年，全国土壤环境质量稳中向好，农用地和建设用地土壤环境安全得到有效保障，土壤环境风险得到全面管控。到本世纪中叶，土壤环境质量全面改善，生态系统实现良性循环。

《土十条》坚持问题导向、底线思维，坚持突出重点、有限目标，坚持分类管控、综合施策，确定了 10 个方面的措施：一是开展土壤污染调查，掌握土壤环境质量状况。二是推进土壤污染防治立法，建立健全法规标准体系。三是实施农用地分类管理，保障农业生产环境安全。四是实施建设用地准入管理，防范人居环境风险。五是强化未污染土壤保护，严控新增土壤污染。六是加强污染源监管，做好土壤污染预防工作。七是开展污染治理与修复，改善区域土壤环境质量。八是加大科技研发力度，推动环境保护产业发展。九是发挥政府主导作用，构建土壤环境治理体系。十是加强目标考核，严格责任追究。

制定实施《土十条》是推进生态文明建设，坚决向污染宣战的一项重大举措，是系统开展污染治理的重要战略部署，对确保生态环境质量改善、各类自然生态系统安全稳定具有重要作用。至此，与已经出台的《大气污染防治行动计划》和《水污染防治行动计划》一起，针对我国当前面临的大气、水、土壤环境污染问题，三个污染防治行动计划已经全部制定发布实施。

45.如何防止污染产业向中西部转移？

近些年，我国中西部的发展明显提速。未来几年，是中西部地区进一步发展的关键时期，也是中西部地区 2020 年前全面建成小康社会的攻坚期，更是开发与生态环境矛盾的加剧期。

为此，要重点做好四个方面的工作。第一，全面做好预防。预防是环保的第一要务，一旦造成污染了再治理，成本代价太高。环境保护部几年前就开展了关于西部大开发和中部地区发展的战略环评，要把战略环评成果用好，守住 3 条底线。第一条底线，就是生态环保红线，不能进的地方，坚决不许进。第二条底线，要守住行业的排放总量，不能有突破。第三条底线，要守住产业进入西部地区的准入条件和标准。通过这些宏观的预防措施，来规避在后面的发展中面临的突出问题。

第二，加大对西部在环境保护方面的资金、技术和人才支持力度。提高西部地区环保设施的建设标准，切实增强治理污染的能力。

第三，加强对西部的生态补偿。西部地区是我国的生态屏障，我国的主要饮用水水源都来自西部，应该给西部更多的支持、补偿，让他们保护好生态环境。

第四，严格执法。严厉打击环境违法行为，不能用两个尺度来执法，更不能让中西部成为污染企业逃避责任的“天堂”，切实防止发生污染转移的问题。

46.《环境保护法》如何才能成为一把真正的利剑？

为落实好新修订的《环境保护法》，环境保护部着力开展六个方面的工作。

第一，出台和完善《环境保护法》实施细则。《环境保护法》在落实政府责任、提高企业违法成本和扩大公众参与等方面都有较大突破。《环境保护法》规定了地方政府要对本地区的环境质量负责，非常明确，同时还规定了对地方政府实行环境保护目标责任制考核。环境保护部对一些地方政府的负责人进行公开约谈，就是要落实地方政府的责任。另外，要在一些地市试点将环境保护纳入干部的政绩考核中去，试点干部离任环保审计或者在经济审计中纳入环保内容。

第二，一个好的法律不能成为“纸老虎”，要让它成为一个有钢牙利齿的“利器”，关键在于执行和落实。环境保护部把2015年定为《环境保护法》的“实施年”。开展全面的环保大检查，对于违法的特别是未批先建的企业进行全面排查。提出了“四个不放过”，即“不查不放过、不查清不放过、不处理不放过、不整改不放过”。要让企业懂得守法不是高要求，而是底线。要彻底改变过去环保执法过松、过软的状况，把守法变成新常态，敢于碰硬，形成高压态势。强化刑事责任追究，发现一起、查处一起、移送一起。

第三，推动地方政府责任的落实。要对30%以上的市级政府开展督查，强化地方责任，解决地方政府在环境保护方面的不作为行为。

第四，加大信息公开力度。及时公开执法信息，公开企业排污信息，保障公众的知情权、参与权、监督权、举报权。环保部已经推出微信举报。一些机构推出了“随手拍”等活动。对环境违法行为形成有效震慑。

第五，加强与公安、检察、法院的协调配合，强化环保执法的司法监督。

第六，强化自身队伍建设，提高执法能力。要解决自身不作为和乱作为的问题。

47. 如何推进省以下环保机构监测监察执法垂直管理改革？

党的十八届五中全会明确提出实行省以下环保机构监测监察执法垂直管理，这是党中央在生态环保领域做出的一项重大决策，是对我国环境管理体制的一次重大改革，是改革完善环境治理基础制度、实现国家环境治理体系和治理能力现代化的一个重大举措。目的是要增强环境监管的统一性、权威性和有效性，为实现环境质量改善提供坚强的体制保障，意义重大。

目前，我国实行以块为主的环保管理体制，这个体制面临很多难以克服的问题。比如，一些地方政府重发展轻环保，发展硬、环保软，有些地方政府的地方保护主义严重，干预环保监测监察执法，环保责任不落实。同时，有法不依、执法不严、违法不究的现象大量存在，所以必须进行改革。

这项改革有四个目的：一是要落实地方政府及其相关部门的环保责任，这是《环境保护法》第六条的规定。二是要解决地方保护主义对环境监测监察执法的干预。三是要进一步统筹跨区域、跨流域环境管理的问题。四是要规范和加强地方环保机构队伍的建设。

环境保护部高度重视这项改革工作，成立了专门的工作小组，举行了多次座谈会，到各地进行调研，研究这项改革会遇到哪些问题。同时，还到其他部门进行调研，借鉴他们在垂直管理过程中的好经验。另外，到国外了解一些国家在环境管理、在分层设置上的好的经验和做法。

中央对此项工作分工明确之后，环境保护部和中编办密切合作，已经形成了联合工作机制。环境保护部会同中编办和财政部出台了做好垂管期间有关工作的通知，明确在改革刚启动和改革没完成之前，各地、各部门做好各自的环保工作，履职尽责，有序推进，特别是在人、财、物等方面做好平稳过渡，严防出现突击进人、提拔干部、压缩环保经费等问题。

从目前情况看，各地对这项改革都有很高的积极性，已有 17 个省（区、市）提出全面试点或部分试点的意向，环境保护部正在抓紧编制试点指导意见。大概用一年的时间完成试点工作，力争在 2018 年之前完成这项改革。

需要强调的是，这项改革不仅仅是监测监察执法的改革，还涉及省、部之间一些关系的重新界定，涉及一些审批权限的重新梳理，所以是一个牵动全身的工作。环境保护部将按照中央的统一部署，坚持眼睛向下，突出问题导向，广泛听取各方意见，拿出高质量的改革方案，把这件好事办好，让人民群众能够有实实在在的环境获得感。

48. 如何解决环评等领域存在的突出问题？

2015 年 2 月 9 日中央第三巡视组向环境保护部反馈了专项巡视情况。环境保护部高度重视，成立了整改落实工作领导小组，部长担任领导小组组长，多次召开会议，落实整改工作，一件一件地分析，一件一件地落实。中央巡视组提出的问题，切中要害，实事求是，反映的不仅是环境保护部自身的问题，也有整个环保系统的问题。其中的原因，包括制度上的漏洞、管理上的缺陷、工作作风问题。环境保护部提出“三个结合”，即整改要与制度建设结合起来，把制度的笼子扎牢、扎密；要跟新修订《环境保护法》的实施结合起来；要和环境保护部转变工作作风结合起来。

针对环评等领域存在的突出问题，将开展以下工作：

一是坚决查处未批先建、擅自变更的环评违法行为，把违法企业纳入诚信“黑名单”，把情节恶劣的企业移交司法。要在社会上引起震动，表明坚决态度和信心。

二是彻底解决环评“红顶中介”问题。绝不允许“卡着审批吃环保、戴着红顶赚黑钱”。环境保护部所属事业单位的 8 个环评机构，2015 年率先全部从环境保护部脱离，其他地方的也要分批分期全部脱离，逾期不脱离的，一律取消环评资质。

三是深化环评制度改革。积极推动规划环评落地，充分发挥源头预防作用，指导项目环评。进一步优化项目环评，完善项目环评分类管理名录，建立环境影响登记表备案制度。强化项目环境保护事中事后监管。

四是进一步加大信息公开力度。要把环评项目从环评开始到审批到验收，全部向社会公开。将权力置于公众的监督之下，做到“阳光环评”。要把政府和企业同时放在阳光下，接受公众的监督。

49. 为什么改善空气质量需要政府、企业和公众形成合力？

大气污染的来源非常广泛，也极其复杂，既有电力、钢铁、水泥、燃煤等工业生产过程的排污，也有机动车、船舶等移动源的排放，同时还包括装修、餐饮油烟、量大面广的面源排放等。根据源解析情况，北京、天津和上海等地，机动车来源平均占24%左右；餐饮、汽修、装修涂料等活动所占比重大概在10%。

治理雾霾，改善空气质量，需要政府、企业和公众形成合力，共同努力完成这个艰巨的任务。一方面，认真落实《大气十条》所明确的各项治污任务，特别是强化企业治污，落实企业作为治污主体的责任。加大信息公开，让所有污染源排放暴露在阳光下，让每一个人成为污染排放监督者。另一方面，每个人既是雾霾的受害者，也是雾霾的制造者。所以，环境污染治理是每个人的责任，应该从我做起，从现在做起，从身边的小事做起，转变那些环境不友好的生活方式。只有通过全社会的不懈努力，不做旁观者，形成共治雾霾的局面，才能加快实现蓝天常在的梦想。

50.我国在控制煤炭消费上有何举措？

我国大气污染问题很大程度上是由于能源结构，或者更确切地说是由于煤的燃烧造成的。因此，我国高度重视调整能源结构，“十三五”规划纲要对能源效率和能源结构都有明确的要求。

大力推进清洁煤炭的使用。推动燃煤电厂的超低排放改造工程，要求电厂排放的二氧化硫、氮氧化物和烟尘接近天然气电厂的水平，这是一项革命性的变革和举措，颠覆了“煤炭不清洁”的传统认识，会对解决雾霾问题带来积极影响。

另外，煤炭对雾霾的影响主要是散煤燃烧问题。散煤是一个比较难解决的问题，涉及千家万户。1 吨散煤燃烧的排放相当于 5 ~ 10 吨电厂用煤排放的污染物，而且随着人民群众生活水平的提高，散煤的用量在增加，发生严重雾霾时散煤的贡献较大。下一个阶段将加大投入做好散煤管控工作，并出台相关管理办法。

51.做好水污染防治有哪些思路和具体举措？

党中央、国务院高度重视水污染防治工作，2015 年 4 月出台了《水十条》，共涉及 35 个方面、238 项具体措施。《水十条》对今后直到 2020 年的水污染防治工作做出了全面部署，这是一个顶层设计。环境保护部已按照《水十条》的部署，将任务分解到各部门、各省（区、市），并制订了细化方案，出台了一批配套政策，陆续实施了一大批治理工程。

下一步将主要从几个方面做好水污染防治工作：

（1）坚持问题导向，着重尽快解决群众最关心的问题和群众反映最强烈的问题

突出“1+2”是工作重点，“1”是要保证饮用水安全，为此要全面公开饮用水安全相关信息，实施从水源到水龙头的全程监管。“2”是指好、差两头。首先，要保住好的水，制定良好湖泊水体保护计划。其实保护好的水比治理被污染的水更难一些，它面临更强的发展冲动。其次，对老百姓反映突出的劣Ⅴ类水体，特别是城市黑臭水体要限期解决。环境保护部正会同住建部落实这项工作，并将形成一个信息平台，定期向媒体公开全国各地黑臭水体的名单和治理情况。

（2）要抓好预防，解决源头问题

首先要解决好新增的、新发展的部分，不要再带来新的环境问题。主要做好画框子、定界限、明确准入门槛等几方面工作。所谓画框子，就是要做好生态保护红线划定，做好规划环评对空间的约束，明确哪些地方可以上项目，哪些地方是有条件地上项目，哪些地方是红线，坚决不允许任何项目落地，要给子孙后代留下珍贵的自然资源。所谓定界限，就是确定重点行业重点地区的污染物总量控制指标，让污染物排放总量框在环境容量之内，守住这个底线，环境质量才能好转。所谓准入门槛，就是新进项目要满足环境标准及区域资源环境承载力的要求，因此要推动敏感区域的产业负面清单，通过负面清单、通过环境标准来优化产业结构，推动绿色发展。

（3）突出重点领域，强化治理措施

主要包括两部分：一是要解决好工业、城市、农村，特别是船舶、港口等领域的污染排放问题。二是结合国家确定的京津冀协同发展、长江经济带发展战略，推动污染问题的解决，推动水污染防治十大重点行业清洁化改造，组织各地淘汰取缔不符合产业政策的十小企业。督促工业园区管理机构落实环境保护主体责任。建立环境准入条件，完善园区环境基础设施，完善环境应急机制。加强对工业废水间接排放和集中处理的管理。

（4）改变管理方式

目前环境管理还比较粗放，对此，环境保护部提出了“五化”要求，即科学化、系统化、法治化、精细化和信息化，以努力提高环境管理水平。

（5）严格落实地方和企业的责任

《环境保护法》明确规定，地方政府要落实对本地的环境质量责任，企业要落实守法的责任。环境保护部门要加大督政的力度，加大对企业检查的力度，确保企业按照排放标准和许可满足环保要求，逐步解决水污染问题。

52. 2016 年需要深化落实哪些改革措施？

2016 年是确定“十三五”环境保护顶层设计的一年，也是“十三五”开局之年。

（1）统筹谋划好“十三五”环保工作

抓紧编制“十三五”生态环境保护规划，把党中央、国务院重大安排部署变成施工图，坚持可操作、可量化、可考核、可评估的原则，将细颗粒物等环境质量指标列入约束性指标，谋划好重大工程、重大项目和重大政策，做好指标任务的对接细化分解，及早报请国务院常务会审议并印发。积极推进大气污染防治、重点流域水污染防治、重金属及有毒有害化学物质污染防治、核安全与放射性污染防治等专项规划编制报批，构建“十三五”环保规划体系。开展“十二五”环保规划终期评估考核，结果向国务院报告并向社会公开。加强环境经济形势分析研判，为环境管理决策和国家宏观调控当好参谋。

落实地方政府责任。中央环境保护督察组已对河北省开展督察试点工作。要在总结评估试点工作基础上，本着赶早不赶晚的原则，完成15个左右省份督察工作，2017年实现全覆盖。各省（区、市）环保部门要对30%以上的市级政府开展综合督察，强化环保督政。制定党政领导干部生态环境损害责任追究的配套制度和措施，配合有关部门推进编制自然资源资产负债表和自然资源资产离任审计试点。推进省以下环保机构监测监察执法垂直管理制度改革，对做好过渡期间工作下发相关通知，研究制订试点方案并开展试点，对试点省份在能力建设等方面给予支持。既要鼓励地方积极探索、开展试点示范，又要按照统一部署，防止抢跑，争取2～3年完成改革任务。

（2）推进环境监测体制机制改革

出台《生态环境监测网络建设方案实施计划（2016—2020

年）》。一是推进全面设点，在京津冀地区率先实现大气、地表水环境质量监测点位覆盖 80% 左右的区县，土壤监测点位实现全覆盖。二是推进全国联网，上半年争取率先完成京津冀、长三角、珠三角地区县级空气质量监测点位联网，年底前力争完成这 3 个地区国控重点污染源监测信息联网。三是推进国家环境质量监测事权上收。全面完成 338 个城市 1 436 个城市空气站上收，新建 65 个区域站（农村站）。完成 2 703 个地表水国控监测断面和 419 个近岸海域监测点位上收，新建 60 个地表水质自动监测站。确定 7 000 个土壤风险点位，初步建成由 35 000 个点位组成的国家土壤环境质量监测网。编制《环境监测机构编制标准化建设指导意见》。四是改革污染源监督性监测运行方式。发布《污染源监测与监察执法联动办法》，变污染源监督性监测为环境执法监测。五是强化环境监测质量管理。对重点城市地表水环境监测、重点流域水质自动监测、环境空气自动监测第三方运行维护情况开展监督检查。

（3）改革环境治理基础制度

协调推进部机关内设机构调整，按环境要素设置监管司局，推动环境监察体制改革。研究完善流域环境管理体制机制，提出《按流域设置环境监管和行政执法机构试点方案》，制定重点区域大气污染防治联防联控协作机制方案。出台《污染物排放许可制实施方案》，在电力、造纸两个行业率先全面实施排污许可证管理。指导地方试点开展环境损害赔偿相关工作，联合出台《关于规范环境损害司法鉴定管理工作的通知》，推进环境损害赔偿鉴定评估纳入司法鉴定管理体系。

（4）全面推进信息公开

以环境质量信息和企业环境信息为重点，全方位多层次多载体公布各类环境信息。推动建立省、市统一的信息公开平台，省、市级环保部门在政府网站设立“环境违法曝光台”。督促重点排污单位执行《企业事业单位环境信息公开办法》。落实《建设项目环境影响评价信息公开机制方案》。

（5）完善环境治理与保护的市场化机制

制定推进绿色金融的意见，出台加强环境污染第三方治理文件，推进政府购买服务改革试点。配合修改完善环境保护税法，推动年内出台。加强排污费改税后环保部门经费保障研究与政策配套。出台《培育发展农业面源污染治理、农村污水垃圾处理市场主体方案》。制定有关环境污染强制责任保险规章，明确强制投保、保险责任赔偿范围，规范理赔程序以及相应处罚措施。

改革是一个上下联动的过程。鼓励地方先试先行，立足解决现实矛盾和困难，想出路找办法，在政策框架内拿出新招实招，形成上下联动推进改革的工作格局。

53.2016 年环境污染治理有哪些措施?

2016 年，要认真贯彻落实党中央、国务院关于生态文明建设和环境保护决策部署，以改善环境质量为核心，重点抓好以下环境污染治理措施的落实。

（1）坚持不懈治理大气污染

开展 2015 年贯彻实施《大气十条》情况考核，严格追责并向社会通报。指导各省（区、市）制定城市大气环境质量限期达标规划，明确达标时间表、路线图和重点项目。全面推进石化行业挥发性有机物（VOCs）综合整治，启动化工、工业涂装、包装印刷业 VOCs 治理。强化移动源污染监管，加快淘汰黄标车，开展机动车环保达标打假行动和车用油品质量监督检查，配合交通部门实施船舶污染控制。淘汰燃煤锅炉 10 万蒸吨，加大京津冀及周边地区民用散煤清洁化替代力度，替代劣质散煤 1 000 万吨以上。深化重点区域联防联控，指导长三角地区做好 G20 峰会空气质量保障。启动冬季重污染天气“削峰”工作，实施水泥钢铁工业冬季错峰生产、重污染行业冬季执行特别排放限值、减少建筑施工等综合性措施。建立健全重污染天气应急机制，落实信息报告制度，加强对应急预案启动和措施落实情况的监督检查。推动建立东北、成渝、西北和华中区域空气质量预测预报中心。

（2）深化水污染防治

出台《水十条》实施情况评估考核办法和实施细则，签订水污染防治目标责任书，各省（区、市）要抓紧出台水污染防治工作方案。《水十条》明确 2016 年目标任务有 6 项，要确保完成。出台《城市地表水水质排名办法》，每年公布水质最好和最差的 10 个城市名单。继续开展城市集中式饮用水水源环境状况调查评估，推进饮用水水源规范化建设。开展流域综合管理试点工作。编制《长江经济带生态环境保护规划》并按程序报批，推动长江绿色生态廊道建设。会同住建部建立黑臭水体管理信息平台，每半年公布全国黑臭水体信息，督促地级及以上城市公布黑臭水体名称、责任人及达标期限。编制《近岸海域污染防治方案》，推进入海排污口设置规范化整治。

（3）全面实施《土十条》

2016 年 5 月 31 日，国务院已正式发布《土十条》。要启动全国土壤污染状况详查，继续组织实施污染土壤治理与修复试点项目。推进污染场地试点示范，建立规范的污染场地联合监管机制。完成京津冀三地关停搬迁工业企业场地排查。

（4）继续推进污染物总量减排

联合发改委起草《“十三五”节能减排综合性工作方案》，制定“十三五”减排核算细则，编制 2016 年度减排计划。着力推进燃煤电厂超低排放、重点城市大气污染传输通道气化、挥发性有机物污染治理、产业结构调整、污水处理厂及配套管网、规模化畜禽养殖污染治理等重点减排工程建设。研究制定燃煤电厂超低排放运行管理及监督办法，2016 年完成超低排放改造 1.5 亿千瓦。研究制订太阳能、风能、水电、核电等清洁低碳能源优先上网制度。完善减排工程调度、通报、考核制度，对进展滞后地区及早通报预警。

（5）实施工业污染源全面达标排放计划

严格执行环境影响评价、“三同时”制度和排污许可制，确保新污染源达标排放。对现有污染源采取清洁生产改造和深入治理、限产限排、停业关闭等措施。组织对造纸、印染、水泥、玻璃等行业和污水处理厂开展专项执法检查。督促企业落实达标排放主体责任，对发现的超标排污企业依法严格处理。印发《关于定期公布主要污染物排放超标企业名单的通知》，每季度向社会公开名单。

54.2016年如何强化环境法治保障？

进一步完善环保法律体系。总结新《环境保护法》实施中遇到的问题，提出对策措施。全面落实新《大气污染防治法》，抓紧配套制度建设。有序推进水污染防治法、土壤污染防治法、核安全法等人大立法规划项目进程。加快推动环境影响评价法、规划环境影响评价条例、建设项目环境保护管理条例等法律法规制（修）订，强化规划环评的落地执行、完善规划环评与建设项目环评联动机制、研究衔接环评与排污许可的关系等重大法律问题。配合最高法、最高检做好环境污染犯罪司法解释的修订工作，重点解决实践中反映较大的环境监测数据认可、危险废物鉴别等证据认定问题，进一步明确移送、定罪量刑的相关具体规定。

严格环境执法监管。继续开展新《环境保护法》实施年活动，坚持重典治乱、铁拳治污，以打击恶意违法排污和造假行为、督促工业污染源达标排放为重点，保持严厉打击环境违法行为的高压态势，推动形成环保守法的新常态。全面落实随机抽查和抽查督查制度，市、县两级环保部门对国家和省级重点监控企业的现场抽查督查要实现“全覆盖”。按照《关于加强环境监管执法的通知》，加快违法违规建设项目清理工作，2016年完成清理任务。继续强化与公安部门、检察机关和审判机关的衔接配合，严惩违法企业及责任人。逐步建立覆盖各级环境监察机构的基础数据库，加快建设全国统一的实时在线环境监控系统。加强执法机构规范化建设和队伍规范化管理，健全对执法人员的“正向激励—逆向约束”机制，提升执法水平。

55. 2016 年如何加强环境预防体系建设？

进一步强化空间、总量、准入三条红线对开发布局、建设规模和产业转型升级的硬约束，积极主动参与宏观调控，优化经济发展。

加快生态保护红线划定。研究制定《划定并严守生态保护红线的若干意见》，探索建立以生态功能保护成效为导向的绩效考核制度和生态补偿制度，启动建设“天地一体化”红线监管平台。落实《关于贯彻实施主体功能区环境政策的若干意见》，推动建立重点生态功能区产业准入负面清单制度。积极开展省级空间规划研究和“多规合一”试点。

推动战略和规划环评落地。继续开展京津冀、长三角、珠三角等三大地区战略环评，将阶段性成果应用到京津冀协同发展规划纲要等重大政策的推进落实中。加强城市总体规划、流域综合规划，以及能源、交通、矿产资源开发等重点领域规划环评。开展重点产业园区规划环评“负面清单管理”试点，同步推进试点园区建设项目环评审批管理改革。积极参与国家重要的空间规划试点工作，推动规划环评成果落实融入空间规划。出台《规划环评责任追究办法（试行）》。

深化建设项目环评审批改革。调整环评分类管理名录，将环境影响较小的登记表项目由审批改为备案。与排污许可制相衔接，完善环评标准导则体系。发布新的环评导则总纲，将由其他主管部门负责的或通过市场能够有效调节的内容剥离，实现环评减负瘦身。落实《建设项目环境保护事中事后监督管理办法（试行）》，对地方政府、环保部门和建设单位的落实情况进行抽查。对石化化工、水利水电、采掘等对环境有重大影响的行业项目，组织开展后评价。完成环保部门环评机构脱钩工作，逾期未完成的一律取消资质。在京津冀地区开展环评管理综合改革试点，率先建成四级环保部门联网审批系统，推动解决环评信息沟通不畅、地方保护和干预等问题。

完善环境标准和技术政策体系。开展环保标准第三方评估，改革设置方式，完善标准管理机制。发布船舶、混合动力车、摩托车和轻便摩托车污染物排放限值及测量方法，发布《畜禽养殖业污染物排放标准》《城镇污水处理厂污染物排放标准》《农用地土壤环境质量标准》《土壤环境质量评价技术规范》。出台铅蓄电池生产、废电池、水泥窑协同处置废物等污染防治技术政策，编制《黑臭水体治理污染防治技术政策》。

56. 2016 年如何加大生态和农村环境保护力度?

启动实施生物多样性保护重大工程，先期开展长江经济带生物多样性本底调查与评估，以及国家生态观测站（点）建设。

会同财政部制定加快建立流域上下游横向生态补偿机制的指导意见，继续推进新安江等跨省流域生态补偿试点，在京津冀水源涵养区、广西广东九洲江、福建广东汀江—韩江开展跨地区生态补偿试点。开展国家级自然保护区全面定期遥感监测，加强建设项目的执法监管。积极推进生态文明建设示范区提档升级，争取早日推出一批生态文明建设示范区。分解落实“十三五”新增完成13万个建制村环境综合整治的任务，以南水北调沿线、三峡库区和“问题村”的饮用水水源安全排查治理为重点，推进新一轮农村环境集中连片整治。

57. 2016年加强核与辐射安全监管有何措施？

全面落实核安全政策，强化风险评估和预警监测。加强核安全设备质量监督，提高核电厂严重事故预防和缓解能力。推动核电重大项目建设，加强在建机组监管，完成8台左右新建机组审批。探索风险指引型核电安全监管模式，确保运行核电机组安全。加快推进全国核基地与核设施辐射环境现状调查与评价专项。深化核技术利用简政放权。加快推动早期核设施退役及放射性废物治理项目，减少历史遗留安全隐患。持续提升核与辐射应急能力。建设国家核与辐射安全监管技术研发基地。

58.2016 年如何严格环境风险管控?

强化重金属和危险废物管理，加强化学品健康与风险评估。开展《重金属污染综合防治“十二五”规划》考核，对未完成规划目标的地区实行限批。启动 16 个重金属综合防控国家示范区和 8 个典型流域重金属综合整治示范工程。发布《国家危险废物名录》（2016 年版），开展重点行业危险废物、电子废物的产生、贮存、利用和处置情况调查，推动危险废物产生和处置企业全过程规范化管理。出台《废弃电器电子产品处理目录（第二批）》相关政策措施，严格废弃电器电子产品处理审核。开展环境激素类化学品生产使用情况调查及监控评估，开展第一批化学品危害初步筛查，评估环境介质中化学品的环境与健康风险，推动优先控制化学品目录和高风险化学品限制淘汰措施出台。

做好突发环境事件预警及处置应对。研究制定企业突发环境事件隐患排查治理指南，督促重大环境风险企业开展隐患排查治理，完善应急预案并备案。在对区域性突发环境事件、环保投诉举报等情况进行大数据分析基础上，向有关地方政府发布预警通知。继续推动饮用水水源地水质生物毒性预警试点、化工园区有毒有害气体环境风险预警体系建设试点。妥善处置突发环境事件，对重特大突发环境事件加大调查和责任追究力度，组织开展环境影响和损失评估，自动启动公益诉讼程序，并向社会公开。

59. 完成 2016 年各项环保重点工作有哪些保障措施？

顺利完成 2016 年环保重点工作任务，需要强化各项保障措施。

（1）进一步加强机构和人才队伍建设

印发《关于对部属事业单位履行环境管理技术支持职责加强考核的意见》，调整部属单位职能。坚持好干部标准，统筹使用机关和部属单位干部，调整充实水、气、土司和督察办领导班子，重点选好配强主要负责人。落实“之”字型干部培养使用模式，推动干部跨部门、跨单位交流。开展第二批国家环境保护专业技术领军人才和青年拔尖人才选拔，向长期从事环保工作人员首次颁发纪念章。

（2）提高投资保障水平

优化预算支出结构，强化预算资金综合平衡，盘活存量资金，提升重点工作保障水平。出台环保领域 3 年财政（投资）滚动规划，建立国家环保项目储备库。围绕大气、水、土壤污染防治等重点任务，加大投资保障力度，实施一批重大生态环保工程。出台基层环保监测执法业务用房建设标准。建设环保大数据。完善国控重点污染源自动监控系统。对中央财政专项资金项目执行情况每季度进行调度，加强审计和项目监督。

（3）强化科技支撑

推动大气污染防治、场地土壤污染防治、京津冀环境综合治理等重点专项和重大工程立项。加大清洁空气研究计划成果总结力度，增强重污染天气应对的科技支撑能力。加强“十二五”水专项成果的总结和应用，加快推进专项管理体制机制改革，完成水专项“十三五”战略研究。出台《关于加强环境与健康工作的指导意见》，完成全国重点地区环境与健康专项调查现场调查。

（4）积极开展国际合作

推进落实环境保护部“一带一路”实施方案和核安全“走出去”工作方案。筹办好国合会2016年年会，组织好第六届国合会换届工作，着力打造新型高端国际环境智库。研究制定和实施生态文明建设和环境保护对外宣传纲要，对外讲好中国环保故事。积极推动有关国际环境公约的国内批准工作。

60. 2016年如何加强环保系统党风廉政建设？

深入落实全面从严治党要求，巩固“三严三实”专题教育成果，贯彻好《中国共产党廉洁自律准则》《中国共产党纪律处分条例》。切实履行全面从严治党主体责任和监督责任，探索建立落实“两个责任”考核问责机制。高质量地完成中央巡视整改落实工作，认真开展环境保护部巡视工作。落实中央八项规定精神和环境保护部作风建设责任清单，继续深入开展党风廉政教育月活动，着力深化廉政教育和廉政文化建设。坚持把纪律和规矩挺在前面，严格监督执纪问责，做到抓早抓小、动辄则咎。加强权力运行监控机制落实情况检查，严肃查办发生在重点领域、关键环节、损害群众利益的行为，着力形成不想腐、不能腐、不敢腐的有效机制。

贯彻落实环境保护部直属机关第一次党员代表大会精神，加强党建工作。优化各级党组织纪检组织结构，配齐配强党务纪检干部。筹办环境保护部党校，加强对党员干部的教育培训。持之以恒改进作风，打造重品行、守纪律、敢担当、有作为的环保文化。

附　录

中华人民共和国环境保护法

中共中央　国务院关于加快推进生态文明建设的意见

中华人民共和国国民经济和社会发展第十三个五年规划纲要（节选）

中华人民共和国环境保护法

（1989 年 12 月 26 日第七届全国人民代表大会常务委员会第十一次会议通过　2014 年 4 月 24 日第十二届全国人民代表大会常务委员会第八次会议修订）

目　录

第一章　总　则

第一条　为保护和改善环境，防治污染和其他公害，保障公众健康，推进生态文明建设，促进经济社会可持续发展，制定本法。

第二条　本法所称环境，是指影响人类生存和发展的各种天然的和经过人工改造的自然因素的总体，包括大气、水、海洋、土地、矿藏、森林、草原、湿地、野生生物、自然遗迹、人文遗迹、自然保护区、风景名胜区、城市和乡村等。

第三条　本法适用于中华人民共和国领域和中华人民共和国管辖的其他海域。

第四条 保护环境是国家的基本国策。

国家采取有利于节约和循环利用资源、保护和改善环境、促进人与自然和谐的经济、技术政策和措施，使经济社会发展与环境保护相协调。

第五条 环境保护坚持保护优先、预防为主、综合治理、公众参与、损害担责的原则。

第六条 一切单位和个人都有保护环境的义务。

地方各级人民政府应当对本行政区域的环境质量负责。

企业事业单位和其他生产经营者应当防止、减少环境污染和生态破坏，对所造成的损害依法承担责任。

公民应当增强环境保护意识，采取低碳、节俭的生活方式，自觉履行环境保护义务。

第七条 国家支持环境保护科学技术研究、开发和应用，鼓励环境保护产业发展，促进环境保护信息化建设，提高环境保护科学技术水平。

第八条 各级人民政府应当加大保护和改善环境、防治污染和其他公害的财政投入，提高财政资金的使用效益。

第九条 各级人民政府应当加强环境保护宣传和普及工作，鼓励基层群众性自治组织、社会组织、环境保护志愿者开展环境保护法律法规和环境保护知识的宣传，营造保护环境的良好风气。

教育行政部门、学校应当将环境保护知识纳入学校教育内容，培养学生的环境保护意识。

新闻媒体应当开展环境保护法律法规和环境保护知识的宣传，对环境违法行为进行舆论监督。

第十条 国务院环境保护主管部门，对全国环境保护工作实施统一监督管理；县级以上地方人民政府环境保护主管部门，对本行政区域环境保护工作实施统一监督管理。

县级以上人民政府有关部门和军队环境保护部门，依照有关法律的规定对资源保护和污染防治等环境保护工作实施监督管理。

第十一条 对保护和改善环境有显著成绩的单位和个人，由人民政府给予奖励。

第十二条 每年6月5日为环境日。

第二章 监督管理

第十三条 县级以上人民政府应当将环境保护工作纳入国民经济和社会发展规划。

国务院环境保护主管部门会同有关部门，根据国民经济和社会发展规划编制国家环境保护规划，报国务院批准并公布实施。

县级以上地方人民政府环境保护主管部门会同有关部门，根据国家环境保护规划的要求，编制本行政区域的环境保护规划，报同级人民政府批准并公布实施。

环境保护规划的内容应当包括生态保护和污染防治的目标、任务、保障措施等，并与主体功能区规划、土地利用总体规划和城乡规划等相衔接。

第十四条 国务院有关部门和省、自治区、直辖市人民政府组织制定经济、技术政策，应当充分考虑对环境的影响，听取有关方面和专家的意见。

第十五条 国务院环境保护主管部门制定国家环境质量标准。

省、自治区、直辖市人民政府对国家环境质量标准中未作规定的项目，可以制定地方环境质量标准；对国家环境质量标准中已作规定的项目，可以制定严于国家环境质量标准的地方环境质量标准。地方环境质量标准应当报国务院环境保护主管部门备案。

国家鼓励开展环境基准研究。

第十六条 国务院环境保护主管部门根据国家环境质量标准和国家经济、技术条件，制定国家污染物排放标准。

省、自治区、直辖市人民政府对国家污染物排放标准中未作规定的项目，可以制定地方污染物排放标准；对国家污染物排放标准中已作规定的项目，可以制定严于国家污染物排放标准的地方污染物排放标准。地方污染物排放标准应当报国务院环境保护主管部门备案。

第十七条　国家建立、健全环境监测制度。国务院环境保护主管部门制定监测规范，会同有关部门组织监测网络，统一规划国家环境质量监测站（点）的设置，建立监测数据共享机制，加强对环境监测的管理。

有关行业、专业等各类环境质量监测站（点）的设置应当符合法律法规规定和监测规范的要求。

监测机构应当使用符合国家标准的监测设备，遵守监测规范。监测机构及其负责人对监测数据的真实性和准确性负责。

第十八条　省级以上人民政府应当组织有关部门或者委托专业机构，对环境状况进行调查、评价，建立环境资源承载能力监测预警机制。

第十九条　编制有关开发利用规划，建设对环境有影响的项目，应当依法进行环境影响评价。

未依法进行环境影响评价的开发利用规划，不得组织实施；未依法进行环境影响评价的建设项目，不得开工建设。

第二十条　国家建立跨行政区域的重点区域、流域环境污染和生态破坏联合防治协调机制，实行统一规划、统一标准、统一监测、统一的防治措施。

前款规定以外的跨行政区域的环境污染和生态破坏的防治，由上级人民政府协调解决，或者由有关地方人民政府协商解决。

第二十一条　国家采取财政、税收、价格、政府采购等方面的政策和措施，鼓励和支持环境保护技术装备、资源综合利用和环境服务等环境保护产业的发展。

第二十二条　企业事业单位和其他生产经营者，在污染物排放符合法定要求的基础上，进一步减少污染物排放的，人民政府应当依法采取财政、税收、价格、政府采购等方面的政策和措施予以鼓励和支持。

第二十三条　企业事业单位和其他生产经营者，为改善环境，依照有关规定转产、搬迁、关闭的，人民政府应当予以支持。

第二十四条 县级以上人民政府环境保护主管部门及其委托的环境监察机构和其他负有环境保护监督管理职责的部门，有权对排放污染物的企业事业单位和其他生产经营者进行现场检查。被检查者应当如实反映情况，提供必要的资料。实施现场检查的部门、机构及其工作人员应当为被检查者保守商业秘密。

第二十五条 企业事业单位和其他生产经营者违反法律法规规定排放污染物，造成或者可能造成严重污染的，县级以上人民政府环境保护主管部门和其他负有环境保护监督管理职责的部门，可以查封、扣押造成污染物排放的设施、设备。

第二十六条 国家实行环境保护目标责任制和考核评价制度。县级以上人民政府应当将环境保护目标完成情况纳入对本级人民政府负有环境保护监督管理职责的部门及其负责人和下级人民政府及其负责人的考核内容，作为对其考核评价的重要依据。考核结果应当向社会公开。

第二十七条 县级以上人民政府应当每年向本级人民代表大会或者人民代表大会常务委员会报告环境状况和环境保护目标完成情况，对发生的重大环境事件应当及时向本级人民代表大会常务委员会报告，依法接受监督。

第三章 保护和改善环境

第二十八条 地方各级人民政府应当根据环境保护目标和治理任务，采取有效措施，改善环境质量。

未达到国家环境质量标准的重点区域、流域的有关地方人民政府，应当制定限期达标规划，并采取措施按期达标。

第二十九条 国家在重点生态功能区、生态环境敏感区和脆弱区等区域划定生态保护红线，实行严格保护。

各级人民政府对具有代表性的各种类型的自然生态系统区域，珍稀、濒危的野生动植物自然分布区域，重要的水源涵养区域，具有重大科学文化价值的地质构造、著名溶洞和化石分布区、冰川、火山、温泉等自然遗迹，以及人文遗迹、古树名木，应当采取措施予以保护，严禁破坏。

第三十条 开发利用自然资源，应当合理开发，保护生物多样性，保障生态安全，依法制定有关生态保护和恢复治理方案并予以实施。

引进外来物种以及研究、开发和利用生物技术，应当采取措施，防止对生物多样性的破坏。

第三十一条 国家建立、健全生态保护补偿制度。

国家加大对生态保护地区的财政转移支付力度。有关地方人民政府应当落实生态保护补偿资金，确保其用于生态保护补偿。

国家指导受益地区和生态保护地区人民政府通过协商或者按照市场规则进行生态保护补偿。

第三十二条 国家加强对大气、水、土壤等的保护，建立和完善相应的调查、监测、评估和修复制度。

第三十三条 各级人民政府应当加强对农业环境的保护，促进农业环境保护新技术的使用，加强对农业污染源的监测预警，统筹有关部门采取措施，防治土壤污染和土地沙化、盐渍化、贫瘠化、石漠化、地面沉降以及防治植被破坏、水土流失、水体富营养化、水源枯竭、种源灭绝等生态失调现象，推广植物病虫害的综合防治。

县级、乡级人民政府应当提高农村环境保护公共服务水平，推动农村环境综合整治。

第三十四条 国务院和沿海地方各级人民政府应当加强对海洋环境的保护。向海洋排放污染物、倾倒废弃物，进行海岸工程和海洋工程建设，应当符合法律法规规定和有关标准，防止和减少对海洋环境的污染损害。

第三十五条 城乡建设应当结合当地自然环境的特点，保护植被、水域和自然景观，加强城市园林、绿地和风景名胜区的建设与管理。

第三十六条 国家鼓励和引导公民、法人和其他组织使用有利于保护环境的产品和再生产品，减少废弃物的产生。

国家机关和使用财政资金的其他组织应当优先采购和使用节能、节水、节材等有利于保护环境的产品、设备和设施。

第三十七条 地方各级人民政府应当采取措施，组织对生活废弃物的分类处置、回收利用。

第三十八条 公民应当遵守环境保护法律法规，配合实施环境保护措施，按照规定对生活废弃物进行分类放置，减少日常生活对环境造成的损害。

第三十九条 国家建立、健全环境与健康监测、调查和风险评估制度；鼓励和组织开展环境质量对公众健康影响的研究，采取措施预防和控制与环境污染有关的疾病。

第四章 防治污染和其他公害

第四十条 国家促进清洁生产和资源循环利用。

国务院有关部门和地方各级人民政府应当采取措施，推广清洁能源的生产和使用。

企业应当优先使用清洁能源，采用资源利用率高、污染物排放量少的工艺、设备以及废弃物综合利用技术和污染物无害化处理技术，减少污染物的产生。

第四十一条 建设项目中防治污染的设施，应当与主体工程同时设计、同时施工、同时投产使用。防治污染的设施应当符合经批准的环境影响评价文件的要求，不得擅自拆除或者闲置。

第四十二条 排放污染物的企业事业单位和其他生产经营者，应当采取措施，防治在生产建设或者其他活动中产生的废气、废水、废渣、医疗废物、粉尘、恶臭气体、放射性物质以及噪声、振动、光辐射、电磁辐射等对环境的污染和危害。

排放污染物的企业事业单位，应当建立环境保护责任制度，明确单位负责人和相关人员的责任。

重点排污单位应当按照国家有关规定和监测规范安装使用监测设备，保证监测设备正常运行，保存原始监测记录。

严禁通过暗管、渗井、渗坑、灌注或者篡改、伪造监测数据，或者不正常运行防治污染设施等逃避监管的方式违法排放污染物。

第四十三条 排放污染物的企业事业单位和其他生产经营者，应当按照国家有关规定缴纳排污费。排污费应当全部专项用于环境污染防治，任何单位和个人不得截留、挤占或者挪作他用。

依照法律规定征收环境保护税的，不再征收排污费。

第四十四条 国家实行重点污染物排放总量控制制度。重点污染物排放总量控制指标由国务院下达，省、自治区、直辖市人民政府分解落实。企业事业单位在执行国家和地方污染物排放标准的同时，应当遵守分解落实到本单位的重点污染物排放总量控制指标。

对超过国家重点污染物排放总量控制指标或者未完成国家确定的环境质量目标的地区，省级以上人民政府环境保护主管部门应当暂停审批其新增重点污染物排放总量的建设项目环境影响评价文件。

第四十五条 国家依照法律规定实行排污许可管理制度。

实行排污许可管理的企业事业单位和其他生产经营者应当按照排污许可证的要求排放污染物；未取得排污许可证的，不得排放污染物。

第四十六条 国家对严重污染环境的工艺、设备和产品实行淘汰制度。任何单位和个人不得生产、销售或者转移、使用严重污染环境的工艺、设备和产品。

禁止引进不符合我国环境保护规定的技术、设备、材料和产品。

第四十七条 各级人民政府及其有关部门和企业事业单位，应当依照《中华人民共和国突发事件应对法》的规定，做好突发环境事件的风险控制、应急准备、应急处置和事后恢复等工作。

县级以上人民政府应当建立环境污染公共监测预警机制，组织制定预警方案；环境受到污染，可能影响公众健康和环境安全时，依法及时公布预警信息，启动应急措施。

企业事业单位应当按照国家有关规定制定突发环境事件应急预案，报环境保护主管部门和有关部门备案。在发生或者可能发生突发环境事件时，企业事业单位应当立即采取措施处理，及时通报可能受到危害的单位和居民，并向环境保护主管部门和有关部门报告。

突发环境事件应急处置工作结束后，有关人民政府应当立即组织评估事件造成的环境影响和损失，并及时将评估结果向社会公布。

第四十八条 生产、储存、运输、销售、使用、处置化学物品和含有放射性物质的物品，应当遵守国家有关规定，防止污染环境。

第四十九条 各级人民政府及其农业等有关部门和机构应当指导农业生产经营者科学种植和养殖，科学合理施用农药、化肥等农业投入品，科学处置农用薄膜、农作物秸秆等农业废弃物，防止农业面源污染。

禁止将不符合农用标准和环境保护标准的固体废物、废水施入农田。施用农药、化肥等农业投入品及进行灌溉，应当采取措施，防止重金属和其他有毒有害物质污染环境。

畜禽养殖场、养殖小区、定点屠宰企业等的选址、建设和管理应当符合有关法律法规规定。从事畜禽养殖和屠宰的单位和个人应当采取措施，对畜禽粪便、尸体和污水等废弃物进行科学处置，防止污染环境。

县级人民政府负责组织农村生活废弃物的处置工作。

第五十条 各级人民政府应当在财政预算中安排资金，支持农村饮用水水源地保护、生活污水和其他废弃物处理、畜禽养殖和屠宰污染防治、土壤污染防治和农村工矿污染治理等环境保护工作。

第五十一条 各级人民政府应当统筹城乡建设污水处理设施及配套管网，固体废物的收集、运输和处置等环境卫生设施，危险废物集中处置设施、场所以及其他环境保护公共设施，并保障其正常运行。

第五十二条 国家鼓励投保环境污染责任保险。

第五章 信息公开和公众参与

第五十三条 公民、法人和其他组织依法享有获取环境信息、参与和监督环境保护的权利。

各级人民政府环境保护主管部门和其他负有环境保护监督管理职责的部门，应当依法公开环境信息、完善公众参与程序，为公民、法人和其他组织参与和监督环境保护提供便利。

第五十四条 国务院环境保护主管部门统一发布国家环境质量、重点污染源监测信息及其他重大环境信息。省级以上人民政府环境保护主管部门定期发布环境状况公报。

县级以上人民政府环境保护主管部门和其他负有环境保护监督管理职责的部门，应当依法公开环境质量、环境监测、突发环境事件以及环境行政许可、行政处罚、排污费的征收和使用情况等信息。

县级以上地方人民政府环境保护主管部门和其他负有环境保护监督管理职责的部门，应当将企业事业单位和其他生产经营者的环境违法信息记入社会诚信档案，及时向社会公布违法者名单。

第五十五条 重点排污单位应当如实向社会公开其主要污染物的名称、排放方式、排放浓度和总量、超标排放情况，以及防治污染设施的建设和运行情况，接受社会监督。

第五十六条 对依法应当编制环境影响报告书的建设项目，建设单位应当在编制时向可能受影响的公众说明情况，充分征求意见。

负责审批建设项目环境影响评价文件的部门在收到建设项目环境影响报告书后，除涉及国家秘密和商业秘密的事项外，应当全文公开；发现建设项目未充分征求公众意见的，应当责成建设单位征求公众意见。

第五十七条 公民、法人和其他组织发现任何单位和个人有污染环境和破坏生态行为的，有权向环境保护主管部门或者其他负有环境保护监督管理职责的部门举报。

公民、法人和其他组织发现地方各级人民政府、县级以上人民政府环境保护主管部门和其他负有环境保护监督管理职责的部门不依法履行职责的，有权向其上级机关或者监察机关举报。

接受举报的机关应当对举报人的相关信息予以保密，保护举报人的合法权益。

第五十八条　对污染环境、破坏生态，损害社会公共利益的行为，符合下列条件的社会组织可以向人民法院提起诉讼：

（一）依法在设区的市级以上人民政府民政部门登记；

（二）专门从事环境保护公益活动连续五年以上且无违法记录。

符合前款规定的社会组织向人民法院提起诉讼，人民法院应当依法受理。

提起诉讼的社会组织不得通过诉讼牟取经济利益。

第六章　法律责任

第五十九条　企业事业单位和其他生产经营者违法排放污染物，受到罚款处罚，被责令改正，拒不改正的，依法作出处罚决定的行政机关可以自责令改正之日的次日起，按照原处罚数额按日连续处罚。

前款规定的罚款处罚，依照有关法律法规按照防治污染设施的运行成本、违法行为造成的直接损失或者违法所得等因素确定的规定执行。

地方性法规可以根据环境保护的实际需要，增加第一款规定的按日连续处罚的违法行为的种类。

第六十条　企业事业单位和其他生产经营者超过污染物排放标准或者超过重点污染物排放总量控制指标排放污染物的，县级以上人民政府环境保护主管部门可以责令其采取限制生产、停产整治等措施；情节严重的，报经有批准权的人民政府批准，责令停业、关闭。

第六十一条 建设单位未依法提交建设项目环境影响评价文件或者环境影响评价文件未经批准，擅自开工建设的，由负有环境保护监督管理职责的部门责令停止建设，处以罚款，并可以责令恢复原状。

第六十二条 违反本法规定，重点排污单位不公开或者不如实公开环境信息的，由县级以上地方人民政府环境保护主管部门责令公开，处以罚款，并予以公告。

第六十三条 企业事业单位和其他生产经营者有下列行为之一，尚不构成犯罪的，除依照有关法律法规规定予以处罚外，由县级以上人民政府环境保护主管部门或者其他有关部门将案件移送公安机关，对其直接负责的主管人员和其他直接责任人员，处十日以上十五日以下拘留；情节较轻的，处五日以上十日以下拘留：

（一）建设项目未依法进行环境影响评价，被责令停止建设，拒不执行的；

（二）违反法律规定，未取得排污许可证排放污染物，被责令停止排污，拒不执行的；

（三）通过暗管、渗井、渗坑、灌注或者篡改、伪造监测数据，或者不正常运行防治污染设施等逃避监管的方式违法排放污染物的；

（四）生产、使用国家明令禁止生产、使用的农药，被责令改正，拒不改正的。

第六十四条 因污染环境和破坏生态造成损害的，应当依照《中华人民共和国侵权责任法》的有关规定承担侵权责任。

第六十五条 环境影响评价机构、环境监测机构以及从事环境监测设备和防治污染设施维护、运营的机构，在有关环境服务活动中弄虚作假，对造成的环境污染和生态破坏负有责任的，除依照有关法律法规规定予以处罚外，还应当与造成环境污染和生态破坏的其他责任者承担连带责任。

第六十六条 提起环境损害赔偿诉讼的时效期间为三年，从当事人知道或者应当知道其受到损害时起计算。

第六十七条 上级人民政府及其环境保护主管部门应当加强对下级人民政府及其有关部门环境保护工作的监督。发现有关工作人员有违法行为，依法应当给予处分的，应当向其任免机关或者监察机关提出处分建议。

依法应当给予行政处罚，而有关环境保护主管部门不给予行政处罚的，上级人民政府环境保护主管部门可以直接作出行政处罚的决定。

第六十八条 地方各级人民政府、县级以上人民政府环境保护主管部门和其他负有环境保护监督管理职责的部门有下列行为之一的，对直接负责的主管人员和其他直接责任人员给予记过、记大过或者降级处分；造成严重后果的，给予撤职或者开除处分，其主要负责人应当引咎辞职：

（一）不符合行政许可条件准予行政许可的；

（二）对环境违法行为进行包庇的；

（三）依法应当作出责令停业、关闭的决定而未作出的；

（四）对超标排放污染物、采用逃避监管的方式排放污染物、造成环境事故以及不落实生态保护措施造成生态破坏等行为，发现或者接到举报未及时查处的；

（五）违反本法规定，查封、扣押企业事业单位和其他生产经营者的设施、设备的；

（六）篡改、伪造或者指使篡改、伪造监测数据的；

（七）应当依法公开环境信息而未公开的；

（八）将征收的排污费截留、挤占或者挪作他用的；

（九）法律法规规定的其他违法行为。

第六十九条 违反本法规定，构成犯罪的，依法追究刑事责任。

第七章 附 则

第七十条 本法自 2015 年 1 月 1 日起施行。

中共中央　国务院关于加快推进生态文明建设的意见

（2015 年 4 月 25 日）

生态文明建设是中国特色社会主义事业的重要内容，关系人民福祉，关乎民族未来，事关“两个一百年”奋斗目标和中华民族伟大复兴中国梦的实现。党中央、国务院高度重视生态文明建设，先后出台了一系列重大决策部署，推动生态文明建设取得了重大进展和积极成效。但总体上看我国生态文明建设水平仍滞后于经济社会发展，资源约束趋紧，环境污染严重，生态系统退化，发展与人口资源环境之间的矛盾日益突出，已成为经济社会可持续发展的重大瓶颈制约。

加快推进生态文明建设是加快转变经济发展方式、提高发展质量和效益的内在要求，是坚持以人为本、促进社会和谐的必然选择，是全面建成小康社会、实现中华民族伟大复兴中国梦的时代抉择，是积极应对气候变化、维护全球生态安全的重大举措。要充分认识加快推进生态文明建设的极端重要性和紧迫性，切实增强责任感和使命感，牢固树立尊重自然、顺应自然、保护自然的理念，坚持“绿水青山就是金山银山”，动员全党、全社会积极行动、深入持久地推进生态文明建设，加快形成人与自然和谐发展的现代化建设新格局，开创社会主义生态文明新时代。

一、总体要求

（一）指导思想。以邓小平理论、“三个代表”重要思想、科学发展观为指导，全面贯彻党的十八大和十八届二中、三中、四中全会精神，深入贯彻习近平总书记系列重要讲话精神，认真落实党中央、国务院的决策部署，坚持以人为本、依法推进，坚持节约资源和保护环境的基本国策，把生态文明建设放在突出的战略位置，融入经济建设、政治建设、文化建设、社会建设各方面和全过程，协同推进新型工业化、信息化、城镇化、农业现代化和绿色化，以健全生态文明制度体系为重点，优化国土空间开发格局，全面促进资源节约利用，加大自然生态系统和环境保护力度，大力推进绿色发展、循环发展、低碳发展，弘扬生态文化，倡导绿色生活，加快建设美丽中国，使蓝天常在、青山常在、绿水常在，实现中华民族永续发展。

（二）基本原则

坚持把节约优先、保护优先、自然恢复为主作为基本方针。在资源开发与节约中，把节约放在优先位置，以最少的资源消耗支撑经济社会持续发展；在环境保护与发展中，把保护放在优先位置，在发展中保护、在保护中发展；在生态建设与修复中，以自然恢复为主，与人工修复相结合。

坚持把绿色发展、循环发展、低碳发展作为基本途径。经济社会发展必须建立在资源得到高效循环利用、生态环境受到严格保护的基础上，与生态文明建设相协调，形成节约资源和保护环境的空间格局、产业结构、生产方式。

坚持把深化改革和创新驱动作为基本动力。充分发挥市场配置资源的决定性作用和更好地发挥政府作用，不断深化制度改革和科技创新，建立系统完整的生态文明制度体系，强化科技创新引领作用，为生态文明建设注入强大动力。

坚持把培育生态文化作为重要支撑。将生态文明纳入社会主义核心价值体系，加强生态文化的宣传教育，倡导勤俭节约、绿色低碳、文明健康的生活方式和消费模式，提高全社会生态文明意识。

坚持把重点突破和整体推进作为工作方式。既立足当前，着力解决对经济社会可持续发展制约性强、群众反映强烈的突出问题，打好生态文明建设攻坚战；又着眼长远，加强顶层设计与鼓励基层探索相结合，持之以恒全面推进生态文明建设。

（三）主要目标

到 2020 年，资源节约型和环境友好型社会建设取得重大进展，主体功能区布局基本形成，经济发展质量和效益显著提高，生态文明主流价值观在全社会得到推行，生态文明建设水平与全面建成小康社会目标相适应。

——国土空间开发格局进一步优化。经济、人口布局向均衡方向发展，陆海空间开发强度、城市空间规模得到有效控制，城乡结构和空间布局明显优化。

——资源利用更加高效。单位国内生产总值二氧化碳排放强度比 2005 年下降 40% ~ 45%，能源消耗强度持续下降，资源产出率大幅提高，用水总量力争控制在 6 700 亿立方米以内，万元工业增加值用水量降低到 65 立方米以下，农田灌溉水有效利用系数提高到 0.55 以上，非化石能源占一次能源消费比重达到 15% 左右。

——生态环境质量总体改善。主要污染物排放总量继续减少，大气环境质量、重点流域和近岸海域水环境质量得到改善，重要江河湖泊水功能区水质达标率提高到 80% 以上，饮用水安全保障水平持续提升，土壤环境质量总体保持稳定，环境风险得到有效控制。森林覆盖率达到 23% 以上，草原综合植被覆盖度达到 56%，湿地面积不低于 8 亿亩，50% 以上可治理沙化土地得到治理，自然岸线保有率不低于 35%，生物多样性丧失速度得到基本控制，全国生态系统稳定性明显增强。

——生态文明重大制度基本确立。基本形成源头预防、过程控制、损害赔偿、责任追究的生态文明制度体系，自然资源资产产权和用途管制、生态保护红线、生态保护补偿、生态环境保护管理体制等关键制度建设取得决定性成果。

二、强化主体功能定位，优化国土空间开发格局

国土是生态文明建设的空间载体。要坚定不移地实施主体功能区战略，健全空间规划体系，科学合理布局和整治生产空间、生活空间、生态空间。

（四）积极实施主体功能区战略。全面落实主体功能区规划，健全财政、投资、产业、土地、人口、环境等配套政策和各有侧重的绩效考核评价体系。推进市县落实主体功能定位，推动经济社会发展、城乡、土地利用、生态环境保护等规划"多规合一"，形成一个市县一本规划、一张蓝图。区域规划编制、重大项目布局必须符合主体功能定位。对不同主体功能区的产业项目实行差别化市场准入政策，明确禁止开发区域、限制开发区域准入事项，明确优化开发区域、重点开发区域禁止和限制发展的产业。编制实施全国国土规划纲要，加快推进国土综合整治。构建平衡适宜的城乡建设空间体系，适当增加生活空间、生态用地，保护和扩大绿地、水域、湿地等生态空间。

（五）大力推进绿色城镇化。认真落实《国家新型城镇化规划（2014—2020 年）》，根据资源环境承载能力，构建科学合理的城镇化宏观布局，严格控制特大城市规模，增强中小城市承载能力，促进大中小城市和小城镇协调发展。尊重自然格局，依托现有山水脉络、气象条件等，合理布局城镇各类空间，尽量减少对自然的干扰和损害。保护自然景观，传承历史文化，提倡城镇形态多样性，保持特色风貌，防止"千城一面"。科学确定城镇开发强度，提高城镇土地利用效率、建成区人口密度，划定城镇开发边界，从严供给城市建设用地，推动城镇化发展由外延扩张式向内涵提升式转变。严格新城、新区设立条件和程序。强化城镇化过程中的节能理念，大力发展绿色建筑和低碳、便捷的交通体系，推进绿色生态城区建设，提高城镇供排水、防涝、雨水收集利用、供热、供气、环境等基础设施建设水平。所有县城和重点镇都要具备污水、垃圾处理能力，提高建设、运行、

管理水平。加强城乡规划“三区四线”（禁建区、限建区和适建区，绿线、蓝线、紫线和黄线）管理，维护城乡规划的权威性、严肃性，杜绝大拆大建。

（六）加快美丽乡村建设。完善县域村庄规划，强化规划的科学性和约束力。加强农村基础设施建设，强化山水林田路综合治理，加快农村危旧房改造，支持农村环境集中连片整治，开展农村垃圾专项治理，加大农村污水处理和改厕力度。加快转变农业发展方式，推进农业结构调整，大力发展农业循环经济，治理农业污染，提升农产品质量安全水平。依托乡村生态资源，在保护生态环境的前提下，加快发展乡村旅游休闲业。引导农民在房前屋后、道路两旁植树护绿。加强农村精神文明建设，以环境整治和民风建设为重点，扎实推进文明村镇创建。

（七）加强海洋资源科学开发和生态环境保护。根据海洋资源环境承载力，科学编制海洋功能区划，确定不同海域主体功能。坚持“点上开发、面上保护”，控制海洋开发强度，在适宜开发的海洋区域，加快调整经济结构和产业布局，积极发展海洋战略性新兴产业，严格生态环境评价，提高资源集约节约利用和综合开发水平，最大程度减少对海域生态环境的影响。严格控制陆源污染物排海总量，建立并实施重点海域排污总量控制制度，加强海洋环境治理、海域海岛综合整治、生态保护修复，有效保护重要、敏感和脆弱海洋生态系统。加强船舶港口污染控制，积极治理船舶污染，增强港口码头污染防治能力。控制发展海水养殖，科学养护海洋渔业资源。开展海洋资源和生态环境综合评估。实施严格的围填海总量控制制度、自然岸线控制制度，建立陆海统筹、区域联动的海洋生态环境保护修复机制。

三、推动技术创新和结构调整，提高发展质量和效益

从根本上缓解经济发展与资源环境之间的矛盾，必须构建科技含量高、资源消耗低、环境污染少的产业结构，加快推动生产方式绿色化，大幅提

高经济绿色化程度，有效降低发展的资源环境代价。

（八）推动科技创新。结合深化科技体制改革，建立符合生态文明建设领域科研活动特点的管理制度和运行机制。加强重大科学技术问题研究，开展能源节约、资源循环利用、新能源开发、污染治理、生态修复等领域关键技术攻关，在基础研究和前沿技术研发方面取得突破。强化企业技术创新主体地位，充分发挥市场对绿色产业发展方向和技术路线选择的决定性作用。完善技术创新体系，提高综合集成创新能力，加强工艺创新与试验。支持生态文明领域工程技术类研究中心、实验室和实验基地建设，完善科技创新成果转化机制，形成一批成果转化平台、中介服务机构，加快成熟适用技术的示范和推广。加强生态文明基础研究、试验研发、工程应用和市场服务等科技人才队伍建设。

（九）调整优化产业结构。推动战略性新兴产业和先进制造业健康发展，采用先进适用节能低碳环保技术改造提升传统产业，发展壮大服务业，合理布局建设基础设施和基础产业。积极化解产能严重过剩矛盾，加强预警调控，适时调整产能严重过剩行业名单，严禁核准产能严重过剩行业新增产能项目。加快淘汰落后产能，逐步提高淘汰标准，禁止落后产能向中西部地区转移。做好化解产能过剩和淘汰落后产能企业职工安置工作。推动要素资源全球配置，鼓励优势产业走出去，提高参与国际分工的水平。调整能源结构，推动传统能源安全绿色开发和清洁低碳利用，发展清洁能源、可再生能源，不断提高非化石能源在能源消费结构中的比重。

（十）发展绿色产业。大力发展节能环保产业，以推广节能环保产品拉动消费需求，以增强节能环保工程技术能力拉动投资增长，以完善政策机制释放市场潜在需求，推动节能环保技术、装备和服务水平显著提升，加快培育新的经济增长点。实施节能环保产业重大技术装备产业化工程，规划建设产业化示范基地，规范节能环保市场发展，多渠道引导社会资金投入，形成新的支柱产业。加快核电、风电、太阳能光伏发电等新材料、新装备的研发和推广，推进生物质发电、生物质能源、沼气、地热、浅层地温能、海洋能等应用，发展分布式能源，建设智能电网，完善运行管理体系。大力发展节能与新能源汽车，提高创新能力和产业化水平，加强配套基础设施建设，加大推广普及力度。发展有机农业、生态农业，以及特色经济林、林下经济、森林旅游等林产业。

四、全面促进资源节约循环高效使用，推动利用方式根本转变

节约资源是破解资源瓶颈约束、保护生态环境的首要之策。要深入推进全社会节能减排，在生产、流通、消费各环节大力发展循环经济，实现各类资源节约高效利用。

（十一）推进节能减排。发挥节能与减排的协同促进作用，全面推动重点领域节能减排。开展重点用能单位节能低碳行动，实施重点产业能效提升计划。严格执行建筑节能标准，加快推进既有建筑节能和供热计量改造，从标准、设计、建设等方面大力推广可再生能源在建筑上的应用，鼓励建筑工业化等建设模式。优先发展公共交通，优化运输方式，推广节能与新能源交通运输装备，发展甩挂运输。鼓励使用高效节能农业生产设备。开展节约型公共机构示范创建活动。强化结构、工程、管理减排，继续削减主要污染物排放总量。

（十二）发展循环经济。按照减量化、再利用、资源化的原则，加快建立循环型工业、农业、服务业体系，提高全社会资源产出率。完善再生资源回收体系，实行垃圾分类回收，开发利用“城市矿产”，推进秸秆等农林废弃物以及建筑垃圾、餐厨废弃物资源化利用，发展再制造和再生利用产品，鼓励纺织品、汽车轮胎等废旧物品回收利用。推进煤矸石、矿渣等大宗固体废弃物综合利用。组织开展循环经济示范行动，大力推广循环经济典型模式。推进产业循环式组合，促进生产和生活系统的循环链接，构建覆盖全社会的资源循环利用体系。

（十三）加强资源节约。节约集约利用水、土地、矿产等资源，加强全过程管理，大幅降低资源消耗强度。加强用水需求管理，以水定需、量水而行，抑制不合理用水需求，促进人口、经济等与水资源相均衡，建设节水型社会。推广高效节水技术和产品，发展节水农业，加强城市节水，推进企业节水改造。积极开发利用再生水、矿井水、空中云水、海水等非常规水源，严控无序调水和人造水景工程，提高水资源安全保障水平。按照严控增量、盘活存量、优化结构、提高效率的原则，加强土地利用的规划管控、市场调节、标准控制和考核监管，严格土地用途管制，推广应用节地技术和模式。发展绿色矿业，加快推进绿色矿山建设，促进矿产资源高效利用，提高矿产资源开采回采率、选矿回收率和综合利用率。

五、加大自然生态系统和环境保护力度，切实改善生态环境质量

良好生态环境是最公平的公共产品，是最普惠的民生福祉。要严格源头预防、不欠新账，加快治理突出生态环境问题、多还旧账，让人民群众呼吸新鲜的空气，喝上干净的水，在良好的环境中生产生活。

（十四）保护和修复自然生态系统。加快生态安全屏障建设，形成以青藏高原、黄土高原—川滇、东北森林带、北方防沙带、南方丘陵山地带、近岸近海生态区以及大江大河重要水系为骨架，以其他重点生态功能区为重要支撑，以禁止开发区域为重要组成的生态安全战略格局。实施重大生态修复工程，扩大森林、湖泊、湿地面积，提高沙区、草原植被覆盖率，有序实现休养生息。加强森林保护，将天然林资源保护范围扩大到全国；大力开展植树造林和森林经营，稳定和扩大退耕还林范围，加快重点防护林体系建设；完善国有林场和国有林区经营管理体制，深化集体林权制度改革。严格落实禁牧休牧和草畜平衡制度，加快推进基本草原划定和保护工作；加大退牧还草力度，继续实行草原生态保护补助奖励政策；稳定和

完善草原承包经营制度。启动湿地生态效益补偿和退耕还湿。加强水生生物保护，开展重要水域增殖放流活动。继续推进京津风沙源治理、黄土高原地区综合治理、石漠化综合治理，开展沙化土地封禁保护试点。加强水土保持，因地制宜推进小流域综合治理。实施地下水保护和超采漏斗区综合治理，逐步实现地下水采补平衡。强化农田生态保护，实施耕地质量保护与提升行动，加大退化、污染、损毁农田改良和修复力度，加强耕地质量调查监测与评价。实施生物多样性保护重大工程，建立监测评估与预警体系，健全国门生物安全查验机制，有效防范物种资源丧失和外来物种入侵，积极参加生物多样性国际公约谈判和履约工作。加强自然保护区建设与管理，对重要生态系统和物种资源实施强制性保护，切实保护珍稀濒危野生动植物、古树名木及自然生境。建立国家公园体制，实行分级、统一管理，保护自然生态和自然文化遗产原真性、完整性。研究建立江河湖泊生态水量保障机制。加快灾害调查评价、监测预警、防治和应急等防灾减灾体系建设。

（十五）全面推进污染防治。按照以人为本、防治结合、标本兼治、综合施策的原则，建立以保障人体健康为核心、以改善环境质量为目标、以防控环境风险为基线的环境管理体系，健全跨区域污染防治协调机制，加快解决人民群众反映强烈的大气、水、土壤污染等突出环境问题。继续落实大气污染防治行动计划，逐渐消除重污染天气，切实改善大气环境质量。实施水污染防治行动计划，严格饮用水源保护，全面推进涵养区、源头区等水源地环境整治，加强供水全过程管理，确保饮用水安全；加强重点流域、区域、近岸海域水污染防治和良好湖泊生态环境保护，控制和规范淡水养殖，严格入河（湖、海）排污管理；推进地下水污染防治。制定实施土壤污染防治行动计划，优先保护耕地土壤环境，强化工业污染场地治理，开展土壤污染治理与修复试点。加强农业面源污染防治，加大种养业特别是规模化畜禽养殖污染防治力度，科学施用化肥、农药，推广节能环保型炉灶，净化农产品产地和农村居民生活环境。加大城乡环境综合整治力度。推进重金属污染治理。开展矿山地质环境恢复和综合治理，推进尾矿安全、环保存放，妥善处理处置矿渣等大宗固体废物。建立健全化学品、持久性有机污染物、危险废物等环境风险防范与应急管理工作机制。切实加强核设施运行监管，确保核安全万无一失。

（十六）积极应对气候变化。坚持当前长远相互兼顾、减缓适应全面推进，通过节约能源和提高能效，优化能源结构，增加森林、草原、湿地、海洋碳汇等手段，有效控制二氧化碳、甲烷、氢氟碳化物、全氟化碳、六氟化硫等温室气体排放。提高适应气候变化特别是应对极端天气和气候事件能力，加强监测、预警和预防，提高农业、林业、水资源等重点领域和生态脆弱地区适应气候变化的水平。扎实推进低碳省区、城市、城镇、产业园区、社区试点。坚持共同但有区别的责任原则、公平原则、各自能力原则，积极建设性地参与应对气候变化国际谈判，推动建立公平合理的全球应对气候变化格局。

六、健全生态文明制度体系

加快建立系统完整的生态文明制度体系，引导、规范和约束各类开发、利用、保护自然资源的行为，用制度保护生态环境。

（十七）健全法律法规。全面清理现行法律法规中与加快推进生态文明建设不相适应的内容，加强法律法规间的衔接。研究制定节能评估审查、节水、应对气候变化、生态补偿、湿地保护、生物多样性保护、土壤环境保护等方面的法律法规，修订土地管理法、大气污染防治法、水污染防治法、节约能源法、循环经济促进法、矿产资源法、森林法、草原法、野生动物保护法等。

（十八）完善标准体系。加快制定修订一批能耗、水耗、地耗、污染物排放、环境质量等方面的标准，实施能效和排污强度“领跑者”制度，加快标准升级步伐。提高建筑物、道路、桥梁等建设标准。环境容量较小、生态环境脆弱、环境风险高的地区要执行污染物特别排放限值。鼓励各地区依法制定更加严格的地方标准。建立与国际接轨、适应我国国情的能效和环保标识认证制度。

（十九）健全自然资源资产产权制度和用途管制制度。对水流、森林、山岭、草原、荒地、滩涂等自然生态空间进行统一确权登记，明确国土空间的自然资源资产所有者、监管者及其责任。完善自然资源资产用途管制制度，明确各类国土空间开发、利用、保护边界，实现能源、水资源、矿产资源按质量分级、梯级利用。严格节能评估审查、水资源论证和取水许可制度。坚持并完善最严格的耕地保护和节约用地制度，强化土地利用总体规划和年度计划管控，加强土地用途转用许可管理。完善矿产资源规划制度，强化矿产开发准入管理。有序推进国家自然资源资产管理体制改革。

（二十）完善生态环境监管制度。建立严格监管所有污染物排放的环境保护管理制度。完善污染物排放许可证制度，禁止无证排污和超标准、超总量排污。违法排放污染物、造成或可能造成严重污染的，要依法查封扣押排放污染物的设施设备。对严重污染环境的工艺、设备和产品实行淘汰制度。实行企事业单位污染物排放总量控制制度，适时调整主要污染物指标种类，纳入约束性指标。健全环境影响评价、清洁生产审核、环境信息公开等制度。建立生态保护修复和污染防治区域联动机制。

（二十一）严守资源环境生态红线。树立底线思维，设定并严守资源消耗上限、环境质量底线、生态保护红线，将各类开发活动限制在资源环境承载能力之内。合理设定资源消耗“天花板”，加强能源、水、土地等战略性资源管控，强化能源消耗强度控制，做好能源消费总量管理。继续实施水资源开发利用控制、用水效率控制、水功能区限制纳污三条红线管理。划定永久基本农田，严格实施永久保护，对新增建设用地占用耕地规模实行总量控制，落实耕地占补平衡，确保耕地数量不下降、质量不降低。严守环境质量底线，将大气、水、土壤等环境质量“只能更好、不能变坏”作为地方各级政府环保责任红线，相应确定污染物排放总量限值和环境风险防控措施。在重点生态功能区、生态环境敏感区和脆弱区等区域划定生态红线，确保生态功能不降低、面积不减少、性质不改变；科学划定森林、草原、湿地、海洋等领域生态红线，严格自然生态空间征（占）用管理，有效遏制生态系统退化的趋势。探索建立资源环境承载能力监测预警机制，对资源消耗和环境容量接近或超过承载能力的地区，及时采取区域限批等限制性措施。

（二十二）完善经济政策。健全价格、财税、金融等政策，激励、引导各类主体积极投身生态文明建设。深化自然资源及其产品价格改革，凡是能由市场形成价格的都交给市场，政府定价要体现基本需求与非基本需求以及资源利用效率高低的差异，体现生态环境损害成本和修复效益。进一步深化矿产资源有偿使用制度改革，调整矿业权使用费征收标准。加大财政资金投入，统筹有关资金，对资源节约和循环利用、新能源和可再生能源开发利用、环境基础设施建设、生态修复与建设、先进适用技术研发示范等给予支持。将高耗能、高污染产品纳入消费税征收范围。推动环境保护费改税。加快资源税从价计征改革，清理取消相关收费基金，逐步将资源税征收范围扩展到占用各种自然生态空间。完善节能环保、新能源、生态建设的税收优惠政策。推广绿色信贷，支持符合条件的项目通过资本市场融资。探索排污权抵押等融资模式。深化环境污染责任保险试点，研究建立巨灾保险制度。

（二十三）推行市场化机制。加快推行合同能源管理、节能低碳产品和有机产品认证、能效标识管理等机制。推进节能发电调度，优先调度可再生能源发电资源，按机组能耗和污染物排放水平依次调用化石类能源发电资源。建立节能量、碳排放权交易制度，深化交易试点，推动建立全国碳排放权交易市场。加快水权交易试点，培育和规范水权市场。全面推进矿业权市场建设。扩大排污权有偿使用和交易试点范围，发展排污权交易市场。积极推进环境污染第三方治理，引入社会力量投入环境污染治理。

（二十四）健全生态保护补偿机制。科学界定生态保护者与受益者权利义务，加快形成生态损害者赔偿、受益者付费、保护者得到合理补偿的运行机制。结合深化财税体制改革，完善转移支付制度，归并和规范现有生态保护补偿渠道，加大对重点生态功能区的转移支付力度，逐步提高其基本公共服务水平。建立地区间横向生态保护补偿机制，引导生态受益地区与保护地区之间、流域上游与下游之间，通过资金补助、产业转移、人才培训、共建园区等方式实施补偿。建立独立公正的生态环境损害评估制度。

（二十五）健全政绩考核制度。建立体现生态文明要求的目标体系、考核办法、奖惩机制。把资源消耗、环境损害、生态效益等指标纳入经济社会发展综合评价体系，大幅增加考核权重，强化指标约束，不唯经济增长论英雄。完善政绩考核办法，根据区域主体功能定位，实行差别化的考核制度。对限制开发区域、禁止开发区域和生态脆弱的国家扶贫开发工作重点县，取消地区生产总值考核；对农产品主产区和重点生态功能区，分别实行农业优先和生态保护优先的绩效评价；对禁止开发的重点生态功能区，重点评价其自然文化资源的原真性、完整性。根据考核评价结果，对生态文明建设成绩突出的地区、单位和个人给予表彰奖励。探索编制自然资源资产负债表，对领导干部实行自然资源资产和环境责任离任审计。

（二十六）完善责任追究制度。建立领导干部任期生态文明建设责任制，完善节能减排目标责任考核及问责制度。严格责任追究，对违背科学发展要求、造成资源环境生态严重破坏的要记录在案，实行终身追责，不得转任重要职务或提拔使用，已经调离的也要问责。对推动生态文明建设工作不力的，要及时诫勉谈话；对不顾资源和生态环境盲目决策、造成严重后果的，要严肃追究有关人员的领导责任；对履职不力、监管不严、失职渎职的，要依纪依法追究有关人员的监管责任。

七、加强生态文明建设统计监测和执法监督

坚持问题导向，针对薄弱环节，加强统计监测、执法监督，为推进生态文明建设提供有力保障。

（二十七）加强统计监测。建立生态文明综合评价指标体系。加快推进对能源、矿产资源、水、大气、森林、草原、湿地、海洋和水土流失、沙化土地、土壤环境、地质环境、温室气体等的统计监测核算能力建设，提升信息化水平，提高准确性、及时性，实现信息共享。加快重点用能单位能源消耗在线监测体系建设。建立循环经济统计指标体系、矿产资源合理开发利用评价指标体系。利用卫星遥感等技术手段，对自然资源和生态环境保护状况开展全天候监测，健全覆盖所有资源环境要素的监测网络体系。提高环境风险防控和突发环境事件应急能力，健全环境与健康调查、监测和风险评估制度。定期开展全国生态状况调查和评估。加大各级政府预算内投资等财政性资金对统计监测等基础能力建设的支持力度。

（二十八）强化执法监督。加强法律监督、行政监察，对各类环境违法违规行为实行“零容忍”，加大查处力度，严厉惩处违法违规行为。强化对浪费能源资源、违法排污、破坏生态环境等行为的执法监察和专项督察。资源环境监管机构独立开展行政执法，禁止领导干部违法违规干预执法活动。健全行政执法与刑事司法的衔接机制，加强基层执法队伍、环境应急处置救援队伍建设。强化对资源开发和交通建设、旅游开发等活动的生态环境监管。

八、加快形成推进生态文明建设的良好社会风尚

生态文明建设关系各行各业、千家万户。要充分发挥人民群众的积极性、主动性、创造性，凝聚民心、集中民智、汇集民力，实现生活方式绿色化。

（二十九）提高全民生态文明意识。积极培育生态文化、生态道德，

使生态文明成为社会主流价值观，成为社会主义核心价值观的重要内容。从娃娃和青少年抓起，从家庭、学校教育抓起，引导全社会树立生态文明意识。把生态文明教育作为素质教育的重要内容，纳入国民教育体系和干部教育培训体系。将生态文化作为现代公共文化服务体系建设的重要内容，挖掘优秀传统生态文化思想和资源，创作一批文化作品，创建一批教育基地，满足广大人民群众对生态文化的需求。通过典型示范、展览展示、岗位创建等形式，广泛动员全民参与生态文明建设。组织好世界地球日、世界环境日、世界森林日、世界水日、世界海洋日和全国节能宣传周等主题宣传活动。充分发挥新闻媒体作用，树立理性、积极的舆论导向，加强资源环境国情宣传，普及生态文明法律法规、科学知识等，报道先进典型，曝光反面事例，提高公众节约意识、环保意识、生态意识，形成人人、事事、时时崇尚生态文明的社会氛围。

（三十）培育绿色生活方式。倡导勤俭节约的消费观。广泛开展绿色生活行动，推动全民在衣、食、住、行、游等方面加快向勤俭节约、绿色低碳、文明健康的方式转变，坚决抵制和反对各种形式的奢侈浪费、不合理消费。积极引导消费者购买节能与新能源汽车、高能效家电、节水型器具等节能环保低碳产品，减少一次性用品的使用，限制过度包装。大力推广绿色低碳出行，倡导绿色生活和休闲模式，严格限制发展高耗能、高耗水服务业。在餐饮企业、单位食堂、家庭全方位开展反食品浪费行动。党政机关、国有企业要带头厉行勤俭节约。

（三十一）鼓励公众积极参与。完善公众参与制度，及时准确披露各类环境信息，扩大公开范围，保障公众知情权，维护公众环境权益。健全举报、听证、舆论和公众监督等制度，构建全民参与的社会行动体系。建立环境公益诉讼制度，对污染环境、破坏生态的行为，有关组织可提起公益诉讼。在建设项目立项、实施、后评价等环节，有序增强公众参与程度。引导生态文明建设领域各类社会组织健康有序发展，发挥民间组织和志愿者的积极作用。

九、切实加强组织领导

健全生态文明建设领导体制和工作机制，勇于探索和创新，推动生态文明建设蓝图逐步成为现实。

（三十二）强化统筹协调。各级党委和政府对本地区生态文明建设负总责，要建立协调机制，形成有利于推进生态文明建设的工作格局。各有关部门要按照职责分工，密切协调配合，形成生态文明建设的强大合力。

（三十三）探索有效模式。抓紧制定生态文明体制改革总体方案，深入开展生态文明先行示范区建设，研究不同发展阶段、资源环境禀赋、主体功能定位地区生态文明建设的有效模式。各地区要抓住制约本地区生态文明建设的瓶颈，在生态文明制度创新方面积极实践，力争取得重大突破。及时总结有效做法和成功经验，完善政策措施，形成有效模式，加大推广力度。

（三十四）广泛开展国际合作。统筹国内国际两个大局，以全球视野加快推进生态文明建设，树立负责任大国形象，把绿色发展转化为新的综合国力、综合影响力和国际竞争新优势。发扬包容互鉴、合作共赢的精神，加强与世界各国在生态文明领域的对话交流和务实合作，引进先进技术装备和管理经验，促进全球生态安全。加强南南合作，开展绿色援助，对其他发展中国家提供支持和帮助。

（三十五）抓好贯彻落实。各级党委和政府及中央有关部门要按照本意见要求，抓紧提出实施方案，研究制定与本意见相衔接的区域性、行业性和专题性规划，明确目标任务、责任分工和时间要求，确保各项政策措施落到实处。各地区各部门贯彻落实情况要及时向党中央、国务院报告，同时抄送国家发展改革委。中央就贯彻落实情况适时组织开展专项监督检查。

中华人民共和国国民经济和社会发展第十三个五年规划纲要（节选）

第一篇　指导思想、主要目标和发展理念

第三章　主要目标

按照全面建成小康社会新的目标要求，今后五年经济社会发展的主要目标是：

——经济保持中高速增长。在提高发展平衡性、包容性、可持续性基础上，到2020年国内生产总值和城乡居民人均收入比2010年翻一番，主要经济指标平衡协调，发展质量和效益明显提高。产业迈向中高端水平，农业现代化进展明显，工业化和信息化融合发展水平进一步提高，先进制造业和战略性新兴产业加快发展，新产业新业态不断成长，服务业比重进一步提高。

——创新驱动发展成效显著。创新驱动发展战略深入实施，创业创新蓬勃发展，全要素生产率明显提高。科技与经济深度融合，创新要素配置更加高效，重点领域和关键环节核心技术取得重大突破，自主创新能力全面增强，迈进创新型国家和人才强国行列。

——发展协调性明显增强。消费对经济增长贡献继续加大，投资效率和企业效率明显上升。城镇化质量明显改善，户籍人口城镇化率加快提高。

区域协调发展新格局基本形成，发展空间布局得到优化。对外开放深度广度不断提高，全球配置资源能力进一步增强，进出口结构不断优化，国际收支基本平衡。

——人民生活水平和质量普遍提高。就业、教育、文化体育、社保、医疗、住房等公共服务体系更加健全，基本公共服务均等化水平稳步提高。教育现代化取得重要进展，劳动年龄人口受教育年限明显增加。就业比较充分，收入差距缩小，中等收入人口比重上升。我国现行标准下农村贫困人口实现脱贫，贫困县全部摘帽，解决区域性整体贫困。

——国民素质和社会文明程度显著提高。中国梦和社会主义核心价值观更加深入人心，爱国主义、集体主义、社会主义思想广泛弘扬，向上向善、诚信互助的社会风尚更加浓厚，国民思想道德素质、科学文化素质、健康素质明显提高，全社会法治意识不断增强。公共文化服务体系基本建成，文化产业成为国民经济支柱性产业。中华文化影响持续扩大。

——生态环境质量总体改善。生产方式和生活方式绿色、低碳水平上升。能源资源开发利用效率大幅提高，能源和水资源消耗、建设用地、碳排放总量得到有效控制，主要污染物排放总量大幅减少。主体功能区布局和生态安全屏障基本形成。

——各方面制度更加成熟更加定型。国家治理体系和治理能力现代化取得重大进展，各领域基础性制度体系基本形成。人民民主更加健全，法治政府基本建成，司法公信力明显提高。人权得到切实保障，产权得到有效保护。开放型经济新体制基本形成。中国特色现代军事体系更加完善。党的建设制度化水平显著提高。

第四章　发展理念

实现发展目标，破解发展难题，厚植发展优势，必须牢固树立和贯彻落实创新、协调、绿色、开放、共享的新发展理念。

创新是引领发展的第一动力。必须把创新摆在国家发展全局的核心位置，不断推进理论创新、制度创新、科技创新、文化创新等各方面创新，让创新贯穿党和国家一切工作，让创新在全社会蔚然成风。

协调是持续健康发展的内在要求。必须牢牢把握中国特色社会主义事业总体布局，正确处理发展中的重大关系，重点促进城乡区域协调发展，促进经济社会协调发展，促进新型工业化、信息化、城镇化、农业现代化同步发展，在增强国家硬实力的同时注重提升国家软实力，不断增强发展整体性。

绿色是永续发展的必要条件和人民对美好生活追求的重要体现。必须坚持节约资源和保护环境的基本国策，坚持可持续发展，坚定走生产发展、生活富裕、生态良好的文明发展道路，加快建设资源节约型、环境友好型社会，形成人与自然和谐发展现代化建设新格局，推进美丽中国建设，为全球生态安全作出新贡献。

开放是国家繁荣发展的必由之路。必须顺应我国经济深度融入世界经济的趋势，奉行互利共赢的开放战略，坚持内外需协调、进出口平衡、引进来和走出去并重、引资和引技引智并举，发展更高层次的开放型经济，积极参与全球经济治理和公共产品供给，提高我国在全球经济治理中的制度性话语权，构建广泛的利益共同体。

共享是中国特色社会主义的本质要求。必须坚持发展为了人民、发展依靠人民、发展成果由人民共享，作出更有效的制度安排，使全体人民在共建共享发展中有更多获得感，增强发展动力，增进人民团结，朝着共同富裕方向稳步前进。

坚持创新发展、协调发展、绿色发展、开放发展、共享发展，是关系我国发展全局的一场深刻变革。创新、协调、绿色、开放、共享的新发展理念是具有内在联系的集合体，是“十三五”乃至更长时期我国发展思路、发展方向、发展着力点的集中体现，必须贯穿于“十三五”经济社会发展的各领域各环节。

第九篇　推动区域协调发展

第三十八章　推动京津冀协同发展

坚持优势互补、互利共赢、区域一体，调整优化经济结构和空间结构，探索人口经济密集地区优化开发新模式，建设以首都为核心的世界级城市群，辐射带动环渤海地区和北方腹地发展。

第一节　有序疏解北京非首都功能

积极稳妥推进北京非首都功能疏解，降低主城区人口密度。重点疏解高耗能高耗水企业、区域性物流基地和专业市场、部分教育医疗和培训机构、部分行政事业性服务机构和企业总部等。高水平建设北京市行政副中心。规划建设集中承载地和“微中心”。

第二节　优化空间格局和功能定位

构建“一核双城三轴四区多节点”的空间格局。优化产业布局，推进建设京津冀协同创新共同体。北京重点发展知识经济、服务经济、绿色经济，加快构建高精尖产业结构。天津优化发展先进制造业、战略性新兴产业和现代服务业，建设全国先进制造研发基地和金融创新运营示范区。河北积极承接北京非首都功能转移和京津科技成果转化，重点建设全国现代商贸物流重要基地、新型工业化基地和产业转型升级试验区。

第三节　构建一体化现代交通网络

建设高效密集轨道交通网，强化干线铁路建设，加快建设城际铁路、市域（郊）铁路并逐步成网，充分利用现有能力开行城际、市域（郊）列车，客运专线覆盖所有地级及以上城市。完善高速公路网络，提升国省干线技术等级。构建分工协作的港口群，完善港口集疏运体系，建立海事统筹监管新模式。打造国际一流航空枢纽，构建航空运输协作机制。

第四节 扩大环境容量和生态空间

构建区域生态环境监测网络、预警体系和协调联动机制，削减区域污染物排放总量。加强大气污染联防联控，实施大气污染防治重点地区气化工程，细颗粒物浓度下降 25% 以上。加强饮用水源地保护，联合开展河流、湖泊、海域污染治理。划定生态保护红线，实施分区管理，建设永定河等生态廊道。加大京津保地区营造林和白洋淀、衡水湖等湖泊湿地恢复力度，共建坝上高原生态防护区、燕山—太行山生态涵养区。

第五节 推动公共服务共建共享

建设区域人力资源信息共享与服务平台，衔接区域间劳动用工和人才政策。优化教育资源布局，鼓励高等学校学科共建、资源共享，推动职业教育统筹发展。建立健全区域内双向转诊和检查结果互认制度，支持开展合作办医试点。实现养老保险关系在三省市间的顺利衔接，推动社会保险协同发展。

第三十九章 推进长江经济带发展

坚持生态优先、绿色发展的战略定位，把修复长江生态环境放在首要位置，推动长江上中下游协同发展、东中西部互动合作，建设成为我国生态文明建设的先行示范带、创新驱动带、协调发展带。

第一节 建设沿江绿色生态廊道

推进全流域水资源保护和水污染治理，长江干流水质达到或好于Ⅲ类水平。基本实现干支流沿线城镇污水垃圾全收集全处理。妥善处理好江河湖泊关系，提升调蓄能力，加强生态保护。统筹规划沿江工业与港口岸线、过江通道岸线、取排水口岸线。推进长江上中游水库群联合调度。加强流域磷矿及磷化工污染治理。实施长江防护林体系建设等重大生态修复工程，增强水源涵养、水土保持等生态功能。加强长江流域地质灾害预防和治理。加强流域重点生态功能区保护和修复。设立长江湿地保护基金。创新跨区域生态保护与环境治理联动机制，建立生态保护和补偿机制。建设三峡生态经济合作区。

第二节　构建高质量综合立体交通走廊

依托长江黄金水道，统筹发展多种交通方式。建设南京以下 12.5 米深水航道，开展宜昌至安庆航道整治，推进三峡枢纽水运新通道建设，完善三峡综合交通运输体系。优化港口布局，加快建设武汉、重庆长江中上游航运中心和南京区域性航运物流中心，加强集疏运体系建设，大力发展江海联运、水铁联运，建设舟山江海联运服务中心。推进长江船型标准化，健全智能安全保障系统。加快高速铁路和高等级公路建设。强化航空枢纽功能，完善支线机场布局。建设沿江油气主干管道，推动管道互联互通。

第三节　优化沿江城镇和产业布局

提升长三角、长江中游、成渝三大城市群功能，发挥上海“四个中心”引领作用，发挥重庆战略支点和联接点的重要作用，构建中心城市带动、中小城市支撑的网络化、组团式格局。根据资源环境承载力，引导产业合理布局和有序转移，打造特色优势产业集群，培育壮大战略性新兴产业，建设集聚度高、竞争力强、绿色低碳的现代产业走廊。加快建设国际黄金旅游带。培育特色农业区。

第十篇　加快改善生态环境

以提高环境质量为核心，以解决生态环境领域突出问题为重点，加大生态环境保护力度，提高资源利用效率，为人民提供更多优质生态产品，协同推进人民富裕、国家富强、中国美丽。

第四十二章　加快建设主体功能区

强化主体功能区作为国土空间开发保护基础制度的作用，加快完善主体功能区政策体系，推动各地区依据主体功能定位发展。

第一节　推动主体功能区布局基本形成

有度有序利用自然，调整优化空间结构，推动形成以“两横三纵”为主体的城市化战略格局、以“七区二十三带”为主体的农业战略格局、以“两屏三带”为主体的生态安全战略格局，以及可持续的海洋空间开发格局。合理控制国土空间开发强度，增加生态空间。推动优化开发区域产业结构向高端高效发展，优化空间开发结构，逐年减少建设用地增量，提高土地利用效率。推动重点开发区域集聚产业和人口，培育若干带动区域协同发展的增长极。划定农业空间和生态空间保护红线，拓展重点生态功能区覆盖范围，加大禁止开发区域保护力度。

第二节　健全主体功能区配套政策体系

根据不同主体功能区定位要求，健全差别化的财政、产业、投资、人口流动、土地、资源开发、环境保护等政策，实行分类考核的绩效评价办法。重点生态功能区实行产业准入负面清单。加大对农产品主产区和重点生态功能区的转移支付力度，建立健全区域流域横向生态补偿机制。设立统一规范的国家生态文明试验区。建立国家公园体制，整合设立一批国家公园。

第三节　建立空间治理体系

以市县级行政区为单元，建立由空间规划、用途管制、差异化绩效考核等构成的空间治理体系。建立国家空间规划体系，以主体功能区规划为基础统筹各类空间性规划，推进“多规合一”。完善国土空间开发许可制度。建立资源环境承载能力监测预警机制，对接近或达到警戒线的地区实行限制性措施。实施土地、矿产等国土资源调查评价和监测工程。提升测绘地理信息服务保障能力，开展地理国情常态化监测，推进全球地理信息资源开发。

第四十三章　推进资源节约集约利用

树立节约集约循环利用的资源观，推动资源利用方式根本转变，加强全过程节约管理，大幅提高资源利用综合效益。

第一节　全面推动能源节约

推进能源消费革命。实施全民节能行动计划，全面推进工业、建筑、交通运输、公共机构等领域节能，实施锅炉（窑炉）、照明、电机系统升级改造及余热暖民等重点工程。大力开发、推广节能技术和产品，开展重大技术示范。实施重点用能单位“百千万”行动和节能自愿活动，推动能源管理体系、计量体系和能耗在线监测系统建设，开展能源评审和绩效评价。实施建筑能效提升和绿色建筑全产业链发展计划。推行节能低碳电力调度。推进能源综合梯级利用。能源消费总量控制在50亿吨标准煤以内。

第二节　全面推进节水型社会建设

落实最严格的水资源管理制度，实施全民节水行动计划。坚持以水定产、以水定城，对水资源短缺地区实行更严格的产业准入、取用水定额控制。加快农业、工业、城镇节水改造，扎实推进农业综合水价改革，开展节水综合改造示范。加强重点用水单位监管，鼓励一水多用、优水优用、分质利用。建立水效标识制度，推广节水技术和产品。加快非常规水资源利用，实施雨洪资源利用、再生水利用等工程。用水总量控制在 6 700 亿立方米以内。

第三节 强化土地节约集约利用

严控新增建设用地，有效管控新城新区和开发区无序扩张。有序推进城镇低效用地再开发和低丘缓坡土地开发利用，推进建设用地多功能开发、地上地下立体综合开发利用，促进空置楼宇、厂房等存量资源再利用。严控农村集体建设用地规模，探索建立收储制度，盘活农村闲置建设用地。开展建设用地节约集约利用调查评价。单位国内生产总值建设用地使用面积下降 20%。

第四节 加强矿产资源节约和管理

强化矿产资源规划管控，严格分区管理、总量控制和开采准入制度，加强复合矿区开发的统筹协调。支持矿山企业技术和工艺改造，引导小型矿山兼并重组，关闭技术落后、破坏环境的矿山。大力推进绿色矿山和绿色矿业发展示范区建设，实施矿产资源节约与综合利用示范工程、矿产资源保护和储备工程，提高矿产资源开采率、选矿回收率和综合利用率。完善优势矿产限产保值机制。建立矿产资源国家权益金制度，健全矿产资源税费制度。开展找矿突破行动。

第五节 大力发展循环经济

实施循环发展引领计划，推进生产和生活系统循环链接，加快废弃物资源化利用。按照物质流和关联度统筹产业布局，推进园区循环化改造，建设工农复合型循环经济示范区，促进企业间、园区内、产业间耦合共生。推进城市矿山开发利用，做好工业固废等大宗废弃物资源化利用，加快建设城市餐厨废弃物、建筑垃圾和废旧纺织品等资源化利用和无害化处理系统，规范发展再制造。实行生产者责任延伸制度。健全再生资源回收利用网络，加强生活垃圾分类回收与再生资源回收的衔接。

第六节　倡导勤俭节约的生活方式

倡导合理消费，力戒奢侈消费，制止奢靡之风。在生产、流通、仓储、消费各环节落实全面节约要求。管住公款消费，深入开展反过度包装、反食品浪费、反过度消费行动，推动形成勤俭节约的社会风尚。推广城市自行车和公共交通等绿色出行服务系统。限制一次性用品使用。

第七节　建立健全资源高效利用机制

实施能源和水资源消耗、建设用地等总量和强度双控行动，强化目标责任，完善市场调节、标准控制和考核监管。建立健全用能权、用水权、碳排放权初始分配制度，创新有偿使用、预算管理、投融资机制，培育和发展交易市场。健全节能、节水、节地、节材、节矿标准体系，提高建筑节能标准，实现重点行业、设备节能标准全覆盖。强化节能评估审查和节能监察。建立健全中央对地方节能环保考核和奖励机制，进一步扩大节能减排财政政策综合示范。建立统一规范的国有自然资源资产出让平台。组织实施能效、水效领跑者引领行动。

专栏 16　资源节约集约循环利用重大工程

（一）全民节能行动

推进节能产品和服务进企业、进家庭。以六大高耗能行业为重点实施工业能效赶超计划，支持 500 家重点用能单位开展能效综合提升示范。组织能量系统优化、电机系统节能改造、节能技术产业化示范、煤炭消费减量替代、绿色照明等重点工程。

（二）全民节水行动

开展节水型社会综合示范。在100个城市开展分区计量、漏损节水改造。鼓励中水替代、废水深度处理和回用，推进五大高耗水行业和园区节水改造。实施100个合同节水管理示范试点。推广节水器具，鼓励居民更换不符合节水标准用水器具。实施海岛海水淡化示范工程。实施重点用水单位监控工程。

（三）建设用地节约集约利用

健全调查评价技术体系，建立涵盖城市、开发区、高校、村镇的建设用地节约集约利用评价国家级数据库，推广应用节地技术和节地模式。

（四）绿色矿山与绿色矿业发展示范区建设

加快推进绿色矿山建设，着力推进技术、产业和管理模式创新，引领传统矿业转型升级。在资源富集、管理创新能力强的地区，选择50个重点地区开展绿色矿业发展示范区建设。

（五）循环发展引领

推动75%的国家级园区和50%的省级园区开展循环化改造。建设50个工业废弃物综合利用产业基地。在100个地级以上城市布局资源循环利用示范基地。建设城市废弃物在线回收、园区资源管理、废弃物交易等平台。

第四十四章　加大环境综合治理力度

创新环境治理理念和方式，实行最严格的环境保护制度，强化排污者主体责任，形成政府、企业、公众共治的环境治理体系，实现环境质量总体改善。

第一节　深入实施污染防治行动计划

制定城市空气质量达标计划，严格落实约束性指标，地级及以上城市重污染天数减少 25%，加大重点地区细颗粒物污染治理力度。构建机动车船和燃料油环保达标监管体系。提高城市燃气化率。强化道路、施工等扬尘监管，禁止秸秆露天焚烧。加强重点流域、海域综合治理，严格保护良好水体和饮用水水源，加强水质较差湖泊综合治理与改善。推进水功能区分区管理，主要江河湖泊水功能区水质达标率达到 80% 以上。开展地下水污染调查和综合防治。实施土壤污染分类分级防治，优先保护农用地土壤环境质量安全，切实加强建设用地土壤环境监管。

第二节　大力推进污染物达标排放和总量减排

实施工业污染源全面达标排放计划。完善污染物排放标准体系，加强工业污染源监督性监测，公布未达标企业名单，实施限期整改。城市建成区内污染严重企业实施有序搬迁改造或依法关闭。开展全国第二次污染源普查。改革主要污染物总量控制制度，扩大污染物总量控制范围。在重点区域、重点行业推进挥发性有机物排放总量控制，全国排放总量下降 10% 以上。对中小型燃煤设施、城中村和城乡结合区域等实施清洁能源替代工程。沿海和汇入富营养化湖库的河流沿线所有地级及以上城市实施总氮排放总量控制。实施重点行业清洁生产改造。

第三节　严密防控环境风险

实施环境风险全过程管理。加强危险废物污染防治，开展危险废物专项整治。加大重点区域、有色等重点行业重金属污染防治力度。加强有毒有害化学物质环境和健康风险评估能力建设。推进核设施安全改进和放射性污染防治，强化核与辐射安全监管体系和能力建设。

第四节　加强环境基础设施建设

加快城镇垃圾处理设施建设，完善收运系统，提高垃圾焚烧处理率，做好垃圾渗滤液处理处置；加快城镇污水处理设施和管网建设改造，推进污泥无害化处理和资源化利用，实现城镇生活污水、垃圾处理设施全覆盖和稳定达标运行，城市、县城污水集中处理率分别达到95%和85%。建立全国统一、全面覆盖的实时在线环境监测监控系统，推进环境保护大数据建设。

第五节 改革环境治理基础制度

切实落实地方政府环境责任，开展环保督察巡视，建立环境质量目标责任制和评价考核机制。实行省以下环保机构监测监察执法垂直管理制度，探索建立跨地区环保机构，推行全流域、跨区域联防联控和城乡协同治理模式。推进多污染物综合防治和统一监管，建立覆盖所有固定污染源的企业排放许可制，实行排污许可“一证式”管理。建立健全排污权有偿使用和交易制度。严格环保执法，开展跨区域联合执法，强化执法监督和责任追究。建立企业环境信用记录和违法排污黑名单制度，强化企业污染物排放自行监测和环境信息公开，畅通公众参与渠道，完善环境公益诉讼制度。实行领导干部环境保护责任离任审计。

专栏17 环境治理保护重点工程

（一）工业污染源全面达标排放

对钢铁、水泥、平板玻璃、造纸、印染、氮肥、制糖等行业不能稳定达标的企业进行改造。取缔不符合国家产业政策污染严重的项目。限期改造工业园区污水处理设施。全国地级及以上城市建成区基本淘汰10蒸吨以下的燃煤锅炉，完成35蒸吨及以上燃煤锅炉脱硫脱硝除尘改造、钢铁行业烧结机脱硫改造、水泥行业脱硝改造。淘汰高汞催化剂乙炔法生产聚氯乙烯工艺。

（二）大气环境治理

以京津冀及周边地区、长三角、珠三角、东北地区为重点，控制区域煤炭消费总量，推进重点城市“煤改气”工程，新增用气450亿立方米，替代燃煤锅炉 18.9 万蒸吨。开展石化及化工企业、加油站挥发性有机物综合整治，加快淘汰黄标车和老旧车辆，实施国Ⅵ排放标准和相应油品标准。推进油罐车、储油库油气回收治理。

（三）水环境治理

对江河源头及 378 个水质达到或优于Ⅲ类的江河湖库实施严格保护。实施重要江河湖库入河排污口整治工程，完成重要饮用水源达标建设。实施太湖、洞庭湖、滇池、巢湖、鄱阳湖、白洋淀、乌梁素海、呼伦湖、艾比湖等重点湖泊水污染治理和长江中下游、珠三角等河湖内源治理，推进长江、黄河、珠江、松花江、淮河、海河、辽河等七大重点流域综合治理，基本消除劣Ⅴ类水体。加大黑臭水体整治力度，地级及以上城市建成区黑臭水体控制在 10% 以内。开展京津冀晋等区域地下水修复试点。整治主要河口海湾污染。

（四）土壤环境治理

开展土壤污染加密调查。完成 100 个农用地和 100 个建设用地污染治理试点。建设 6 个土壤污染防治先行示范区。做好化工企业安全环保搬迁后的土壤污染治理工作。开展 1 000 万亩受污染耕地治理修复和 4 000 万亩受污染耕地风险管控。深入推进以湘江流域为重点的重金属污染综合治理。

（五）危险废物污染防治

开展全国危险废物普查，加强含铬、铅、汞、镉、砷等重金属废物以及生活垃圾焚烧飞灰、抗生素菌渣、高毒持久性废物等的综合整治。建设危险废物处置设施。

（六）核与辐射安全保障能力提升

建成核与辐射安全监管技术研发基地，加快建设早期核设施退役及历史遗留放射性废物处理处置工程，建设 5 座中低放射性废物处置场和 1 个高放射性废物处理地下实验室，建设高风险放射源实时监控系统，废旧放射源 100% 安全收贮。加强国家核事故应急救援队伍建设。

第四十五章　加强生态保护修复

坚持保护优先、自然恢复为主，推进自然生态系统保护与修复，构建生态廊道和生物多样性保护网络，全面提升各类自然生态系统稳定性和生态服务功能，筑牢生态安全屏障。

第一节　全面提升生态系统功能

开展大规模国土绿化行动，加强林业重点工程建设，完善天然林保护制度，全面停止天然林商业性采伐，保护培育森林生态系统。发挥国有林区林场在绿化国土中的带动作用。创新产权模式，引导社会资金投入植树造林。严禁移植天然大树进城。扩大退耕还林还草，保护治理草原生态系统，推进禁牧休牧轮牧和天然草原退牧还草，加强“三化”草原治理，草原植被综合盖度达到56%。保护修复荒漠生态系统，加快风沙源区治理，遏制沙化扩展。保障重要河湖湿地及河口生态水位，保护修复湿地与河湖生态系统，建立湿地保护制度。

第二节　推进重点区域生态修复

坚持源头保护、系统恢复、综合施策，推进荒漠化、石漠化、水土流失综合治理。继续实施京津风沙源治理二期工程。强化三江源等江河源头和水源涵养区生态保护。加大南水北调水源地及沿线生态走廊、三峡库区等区域生态保护力度，推进沿黄生态经济带建设。支持甘肃生态安全屏障综合示范区建设。开展典型受损生态系统恢复和修复示范。完善国家地下水监测系统，开展地下水超采区综合治理。建立沙化土地封禁保护制度。有步骤对居住在自然保护区核心区与缓冲区的居民实施生态移民。

第三节　扩大生态产品供给

丰富生态产品，优化生态服务空间配置，提升生态公共服务供给能力。

加大风景名胜区、森林公园、湿地公园、沙漠公园等保护力度，加强林区道路等基础设施建设，适度开发公众休闲、旅游观光、生态康养服务和产品。加快城乡绿道、郊野公园等城乡生态基础设施建设，发展森林城市，建设森林小镇。打造生态体验精品线路，拓展绿色宜人的生态空间。

第四节　维护生物多样性

实施生物多样性保护重大工程。强化自然保护区建设和管理，加大典型生态系统、物种、基因和景观多样性保护力度。开展生物多样性本底调查与评估，完善观测体系。科学规划和建设生物资源保护库圃，建设野生动植物人工种群保育基地和基因库。严防并治理外来物种入侵和遗传资源丧失。强化野生动植物进出口管理，严厉打击象牙等野生动植物制品非法交易。

专栏 18　山水林田湖生态工程

（一）国家生态安全屏障保护修复

推进青藏高原、黄土高原、云贵高原、秦巴山脉、祁连山脉、大小兴安岭和长白山、南岭山地地区、京津冀水源涵养区、内蒙古高原、河西走廊、塔里木河流域、滇桂黔喀斯特地区等关系国家生态安全核心地区生态修复治理。

（二）国土绿化行动

开展大规模植树增绿活动，集中连片建设森林，加强“三北”、沿海、长江和珠江流域等防护林体系建设，加快国家储备林及用材林基地建设，推进退化防护林修复，建设大尺度绿色生态保护空间和连接各生态空间的绿色廊道，形成国土绿化网络。

（三）国土综合整治

开展重点流域、海岸带和海岛综合整治，加强矿产资源开发集中地区地质环境治理和生态修复。推进损毁土地、工矿废弃地复垦，修复受自然灾害、大型建设项目破坏的山体、矿山废弃地。加大京杭大运河、黄河明清故道沿线综合治理。推进边疆地区国土综合开发、防护和整治。

（四）天然林资源保护

将天然林和可以培育成为天然林的未成林封育地、疏林地、灌木林地等全部划入天然林保护范围，对难以自然更新的林地通过人工造林恢复森林植被。

（五）新一轮退耕退牧还林还草

实施具备条件的 25° 以上坡耕地、严重沙化耕地和重要水源地 15° ～ 25° 坡耕地退耕还林还草。稳定扩大退牧还草范围，合理布局草原围栏和退化草原补播改良，恢复天然草原生态和生物多样性，开展毒害草、黑土滩和农牧交错带已垦草原治理。

（六）防沙治沙和水土流失综合治理

实施北方防沙带、黄土高原区、东北黑土区、西南岩溶区等重点区域水土流失综合防治，加强坡耕地综合治理、侵蚀沟整治和生态清洁小流域建设。新增水土流失治理面积 27 万平方公里。

（七）湿地保护与恢复

加强长江中上游、黄河沿线及贵州草海等自然湿地保护，对功能降低、生物多样性减少的湿地进行综合治理，开展湿地可持续利用示范。全国湿地面积不低于 8 亿亩。

（八）濒危野生动植物抢救性保护

保护改善大熊猫、朱鹮、虎、豹、亚洲象等珍稀濒危野生动物栖息地，建设救护繁育中心和基因库，开展拯救繁育和野化放归。加强兰科植物等珍稀濒危植物及极小种群野生植物生境恢复和人工拯救。

第四十六章　积极应对全球气候变化

坚持减缓与适应并重，主动控制碳排放，落实减排承诺，增强适应气候变化能力，深度参与全球气候治理，为应对全球气候变化作出贡献。

第一节　有效控制温室气体排放

有效控制电力、钢铁、建材、化工等重点行业碳排放，推进工业、能源、建筑、交通等重点领域低碳发展。支持优化开发区域率先实现碳排放达到峰值。深化各类低碳试点，实施近零碳排放区示范工程。控制非二氧化碳温室气体排放。推动建设全国统一的碳排放交易市场，实行重点单位碳排放报告、核查、核证和配额管理制度。健全统计核算、评价考核和责任追究制度，完善碳排放标准体系。加大低碳技术和产品推广应用力度。

第二节　主动适应气候变化

在城乡规划、基础设施建设、生产力布局等经济社会活动中充分考虑气候变化因素，适时制定和调整相关技术规范标准，实施适应气候变化行动计划。加强气候变化系统观测和科学研究，健全预测预警体系，提高应对极端天气和气候事件能力。

第三节　广泛开展国际合作

坚持共同但有区别的责任原则、公平原则、各自能力原则，积极承担与我国基本国情、发展阶段和实际能力相符的国际义务，落实强化应对气候变化行动的国家自主贡献。积极参与应对全球气候变化谈判，推动建立公平合理、合作共赢的全球气候治理体系。深化气候变化多双边对话交流与务实合作。充分发挥气候变化南南合作基金作用，支持其他发展中国家加强应对气候变化能力。

第四十七章　健全生态安全保障机制

加强生态文明制度建设，建立健全生态风险防控体系，提升突发生态环境事件应对能力，保障国家生态安全。

第一节　完善生态环境保护制度

落实生态空间用途管制，划定并严守生态保护红线，确保生态功能不降低、面积不减少、性质不改变。建立森林、草原、湿地总量管理制度。加快建立多元化生态补偿机制，完善财政支持与生态保护成效挂钩机制。建立覆盖资源开采、消耗、污染排放及资源性产品进出口等环节的绿色税收体系。研究建立生态价值评估制度，探索编制自然资源资产负债表，建立实物量核算账户。实行领导干部自然资源资产离任审计。建立健全生态环境损害评估和赔偿制度，落实损害责任终身追究制度。

第二节　加强生态环境风险监测预警和应急响应

建立健全国家生态安全动态监测预警体系，定期对生态风险开展全面调查评估。健全国家、省、市、县四级联动的生态环境事件应急网络，完善突发生态环境事件信息报告和公开机制。严格环境损害赔偿，在高风险行业推行环境污染强制责任保险。

第四十八章　发展绿色环保产业

培育服务主体，推广节能环保产品，支持技术装备和服务模式创新，完善政策机制，促进节能环保产业发展壮大。

第一节　扩大环保产品和服务供给

完善企业资质管理制度，鼓励发展节能环保技术咨询、系统设计、设备制造、工程施工、运营管理等专业化服务。推行合同能源管理、合同节水管理和环境污染第三方治理。鼓励社会资本进入环境基础设施领域，开展小城镇、园区环境综合治理托管服务试点。发展一批具有国际竞争力的大型节能环保企业，推动先进适用节能环保技术产品“走出去”。统筹推行绿色标识、认证和政府绿色采购制度。建立绿色金融体系，发展绿色信贷、绿色债券，设立绿色发展基金。完善煤矸石、余热余压、垃圾和沼气等发电上网政策。加快构建绿色供应链产业体系。

第二节 发展环保技术装备

增强节能环保工程技术和设备制造能力，研发、示范、推广一批节能环保先进技术装备。加快低品位余热发电、小型燃气轮机、细颗粒物治理、汽车尾气净化、垃圾渗滤液处理、污泥资源化、多污染协同处理、土壤修复治理等新型技术装备研发和产业化。推广高效烟气除尘和余热回收一体化、高效热泵、半导体照明、废弃物循环利用等成熟适用技术。